JN302843

道志洋博士のおもしろ数学再挑戦②

道志洋博士の
世界数学7つの謎

仲田紀夫

黎明書房

はじめに

　好評で版を重ねた『世界周遊「**数学7つの謎**」物語』を，今回書名を変え，装いも新たに，「道志洋博士のおもしろ**数学再挑戦シリーズ**」の第2巻として出版することにした。

　さて，古今東西，人間は多くの"謎"の中で生きてきた。

　「謎解明」のために，人々は迷信をつくり，祈禱師（きとう），占師を生み，そして科学を作り出した，という歴史をもっている。

　この謎にかかわる数に"七"がある。下の表がそれを示している。

　ナゼ，七なのか？　これこそ本書が追求していくものの1つである。

　"謎探訪"のガイドに，『道　志洋数学博士（みちしひろ）』に第1巻に続きご登場願うことにした。

　ご存知のように，彼は「どうしよう？」という疑問について，明解なヒントを提供してくれるユーモアのある博学の人物である。（通称"ドウショウ博士"）

"七"がつく東西の有名語

西	世界の七不思議 ギリシアの七賢人 七人の老女物語 七人の妖精（白雪姫） 狼と七匹の子山羊	七自由科 七技能（武士） 七王国 七つの海 七面鳥	七芒星形 七進法 七曜 ラッキー・セブン 七並べ
東	七福神 竹林の七賢人 七雄 七生 七難 七事式 七光 七街道 血筋七代	七変化 七面倒 七転び 七言絶句 七堂伽藍（が） 七五三 七重 七癖 七曲り	七草（春・秋） 七宝 七輪 七夜 七彩 七つ道具 七味唐辛子 七星てんとう虫 七夕

（注）虹の七色，西洋音楽の七音階など自然界にもある。

「ちょうど7！」の不思議はこの他，
○南仏で活躍した7人の大画家
○数学センスの7人の世界的童話作家
○先進国の数学を輸入した7人の商人
などがある。(いずれも章外の「？謎¿」
で，それぞれをとりあげてある。)

　また，本書の"7"にちなんで，内容は，
　　7章立て，各章は7項作り，そして7つの「？謎¿」
の「7ずくめ」で構成してある。

　ところで，世のマスコミ報道でも，意外に数字並びや数にこだわり，
○日本の人口は，ある瞬間，1億2345万6789人
○515億余桁の円周率の中に，123456789と並ぶのが2回
○こんな日もあったはずだ。平成12年3月4日5時6分7秒89
　あるいは，数の分析の妙味‼
○$36=(1+2+3)^2=(1\times2\times3)^2=1^2\times2^2\times3^2=1^3+2^3+3^3$
○$365=10^2+11^2+12^2=13^2+14^2$
　　　＝(ジョーカーを1としたトランプの数の総和)
などなど，数に関心を寄せた話題は多い。

　一般の人々も数字並びや数に興味があり，代表に「数占い」がある。
　"数学の世界"でも，古くはピタゴラス，近年ではガウスなど『整数論』研究者たちは多く，彼らは数のもつ神秘性に深い関心をもって，数のいろいろな性質を発見している。

　本書で，著者が魅力を感じ異常な興味をもっている"七"もまた，その神秘をもつ数の1つなのである。紙面で，"数学と現実の両世界"を旅しながら，七の不思議と謎に迫っていくことにしよう。

　　　2008年7月7日（七夕の日）　　　　　　　　著　者

?謎¿ 五十音"7"の『いじめ』

小・中学校で『いじめ』問題がたえない折,こんな材料の提供は感心できないが,「五十音"7"の謎」というマジメ? な話題として紹介することにしよう。

悪(ワル)の6人グループが,ある1人の子をいじめようと計画して仲間にさそい入れた。

リーダーⒶは右上のように7人を輪にし,Ⓐから順に,五十音順の語に「ンコ」をつけて「○ンコ」と言わせていく。"下品な言葉"を言ったら,みんなからブタレル,という遊びである。

いじめられっ子Ⓒは3番目であるが,右の表のように3回まわったところで2度もみんなからブタレタ。この先,まだ,ブタレルことはあるであろうか? 調べよう。

"7"の謎が,こんな身近なところにもあった。

ところで,下品のようだが,実はこれは「7を法とした剰余系(じょうよけい)」という立派な代数に発展する。

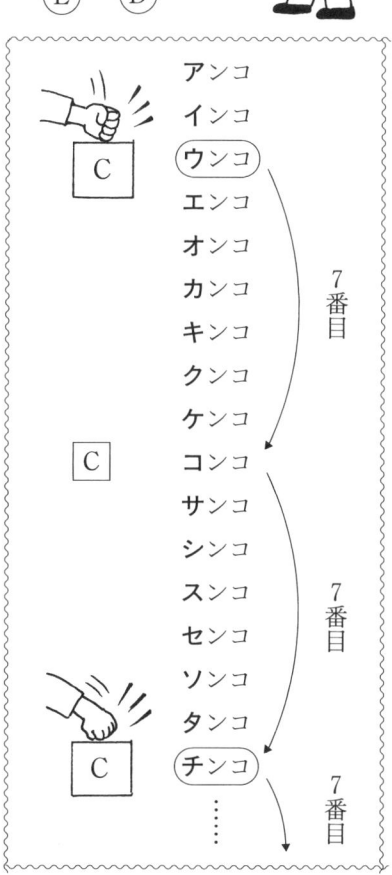

アンコ
インコ
(ウンコ)
エンコ
オンコ
カンコ
キンコ   7番目
クンコ
ケンコ
コンコ
サンコ
シンコ
スンコ   7番目
センコ
ソンコ
タンコ
(チンコ)   7番目
⋮

目　次

はじめに　1
？謎♪　五十音"7"の『いじめ』　3

第1章　『7つ橋渡り』問題と後日談 ——— 7
 1　"街の問題"の発生　8
 2　パズル化された『一筆描き』　12
 3　問題解決の見事な発想　16
 4　「数学の典型」的発展をした内容　20
 5　トポロジーとユークリッド　24
 6　図形の中の位置　28
 7　日常・社会生活への応用　32
  ？謎♪　"世界の七不思議"の探訪　36

第2章　7つの"街角の⓪"の不思議な姿 ——— 37
 1　京都『哲学の道』の第一歩　38
 2　街・駅前のデジタル時計の0　42
 3　基準が0でないもの　44
 4　出発点の0表示　46
 5　水位計の境0m　48
 6　地球の経線0°　50
 7　"数0"のもつ働き　52
  ？謎♪　「七曜」の誕生のいわれ　56

第3章　7つの数学誕生のトポス(場)探訪 ——— 57
 1　世界最古の文化地"ナカダ"　●エジプト●　58
 2　バビロニアの首都"バビロン"　●イラク●　62
 3　エーゲ海「7つの美島」の伝説　●ギリシア●　66
 4　東西文化の接点"イスタンブール"　●トルコ●　70

目　次

  5 13世紀西湖の美都"杭州" ●中国● 74
  6 17世紀『和算』の"京都" ●日本● 78
  7 18〜20世紀の数学黄金三大学 ●ドイツ，ロシア● 82
  ?謎♪ 南仏で活躍の7人の大画家 86

第4章　7人の女流数学者の生い立ち ——— 87

  1 理想女性に育てられたヒュパチア ●ギリシア● 88
  2 貴族の自由娘エミリ ●フランス● 90
  3 語学の天才少女マリア ●イタリア● 92
  4 音楽才能のキャロライン ●ドイツ● 94
  5 革命，混乱の中の孤独ソフィー ●フランス● 96
  6 最大の女性科学者メアリ ●イギリス● 98
  7 文学者でもあったソーニャ ●ロシア● 100
  ?謎♪ 数学センスをもつ7人の世界童話作家 102

第5章　7種の近・現代幾何学の誕生と"謎" ——— 103

  1 大航海時代の産物『球面幾何学』 104
    ●"曲がった直線"の謎●
  2 うたた寝の閃き『座標幾何学』 108
    ●代数と幾何が手を結ぶ謎●
  3 太陽光線による『アフィン幾何学』 112
    ●引き伸ばしが役立つ謎●
  4 要塞建設のための『画法幾何学』 114
    ●公開を禁じ秘密にされた謎●
  5 点光源光線による『射影幾何学』 118
    ●物とその影に注目した謎●
  6 公理追求から生まれた『非ユークリッド幾何学』 122
    ●"常識"へ疑問をもった謎●
  7 自然界の不規則解明『フラクタル幾何学』 126
    ●自然が"数学の言葉"で書かれている謎●
  ?謎♪ 七自由科 130

第6章 7書の「世界を動かした」名著 ── 131

1 世界最古『アーメス・パピルス』 132
   ●紀元前17世紀　エジプト●
2 学問の典型『ユークリッド幾何学』 134
   ●紀元前3世紀　ギリシア●
3 百科事典的『九章算術』 136
   ●紀元1年　中国●
4 代数の初期代表書『アールヤパティーヤ』 138
   ●紀元6世紀　インド●
5 移項法開幕『al-gebr wál mukābala』 140
   ●紀元9世紀　アラビア●
6 筆算書最初本『Liber Abaci』 142
   ●紀元13世紀　イタリア●
7 日本独自創案書『塵劫記』 144
   ●紀元17世紀　日本●
？謎？　7人の老女物語──積算── 146

第7章 7題の有名難問・奇問に挑む！ ── 147

0 『零和ゲーム』の珍 148
1 "一般解"の限界 150
2 『二分法』の真偽 152
3 三等分の不思議 154
4 『四色問題』の怪 156
5 五心の相互関係 158
6 『六点円』（テーラー円）の美 160
7 七の倍数と $\frac{1}{7}$ の妙 162
？謎？　『7』にまつわる数学パズル 164

解答──第7章・質問の答── 165

装丁：長山　眞
本文イラスト：筧　都夫

『7つ橋渡り』問題と後日談 第1章

バルト海に面した小さな街の人々が挑戦した"易しい難問"が，やがて発展し，「高級な学問」になったナゾ

クナイプホッフ島と大聖堂——聖堂内にカントの墓がある——▼

1 "街の問題"の発生

プレーゲル川 **どの絵が本物に近いの？**

クナイプホッフ島

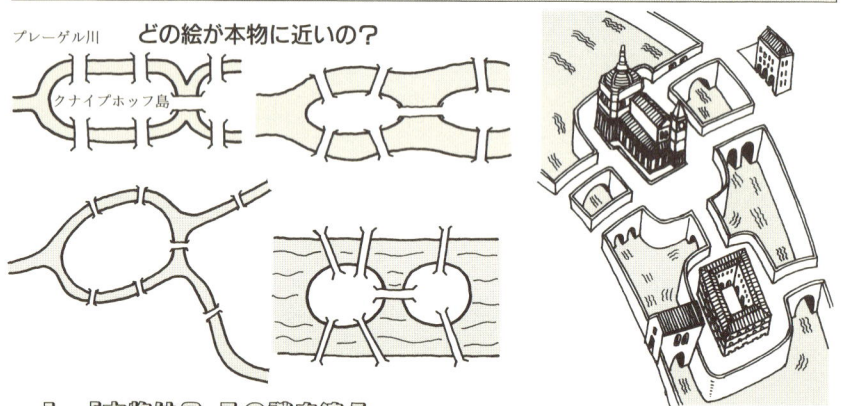

1 「本物は？」その謎を追う

"孫引き"という言葉があるのを御存知であろう。これは、

「他の本から引用されているものを、さらに、そのまま引用すること」

というもので、これは学問の世界では、手抜きの方法として軽蔑(けいべつ)的に使用されているものである。

ここで話題とする『ケーニヒスベルクの橋渡り』の絵は、実に多くの数学書に登場しているが、上に示すように形は千差万別!!

どこかに原典があったのであろうが、やがて孫引き、ひ孫引き、はては、やしゃ子引き、……となっていったひどいものの例である。

ついつい「本物はどれなのか？」と叫んでしまいたくなる。

(注) トポロジーなので、「どれもみな同じさ」と言ってしまうと終わりだが——。

現地に行って調べれば簡単なことだが、遥(はる)か遠方の上、260年も昔のことで当時のことは不明確であろう。

こうしたときの神だのみ、道 志洋博士に相談に行った。

第1章 『7つ橋渡り』問題と後日談

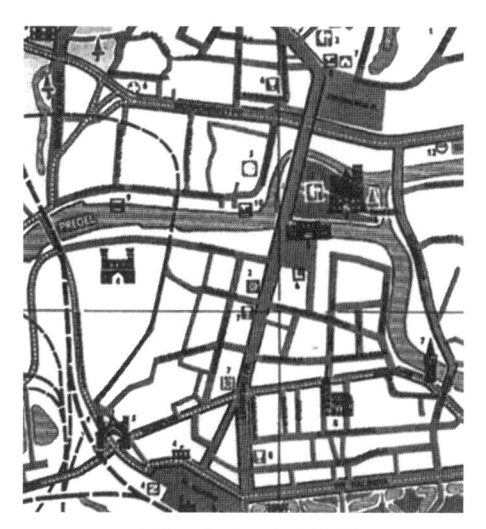

現地で販売の案内地図

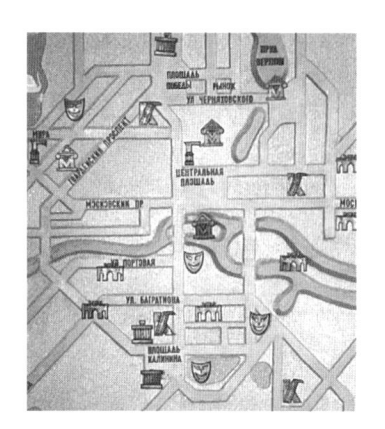

『カリーニングラード・ホテル』
入口正面の案内板

　「イヤイヤ，学問の世界ではよくあることなんだョ。」
　道博士は，開口一番こう言って，『ユークリッド幾何学』の例をあげた。
　「この幾何学は紀元前3世紀にユークリッドが全13巻の『原論』として完成し，紀元4世紀のギリシア滅亡まで保存されたが，その後，当時の文化民族であったローマ，ペルシア，インドなど，いずれも"有用性のない学問"として継承せず，約600年間この世から姿を消したのサ。」
　アラビアの黄金時代，歴代カリフ（教主）が学問を奨励したことから，古代ギリシアの幾何，古代インドの代数を復元，保存し，継承，発展させた。その初期では資料集めが大変だったようで，『ユークリッド幾何学』も孫引き，ひ孫引きによる図書が細々と残っていた程度だった。このいろいろなものの中から原典を探し出し，復元したという。
　「類書がたくさんあったことが，かえって正確なものを作り出すのに役立った，という好例だろうネ。」
　では，手間のかかる資料集めはやめ，ズバリ，本物を見て比べよう。

9

1730年代の街の概要

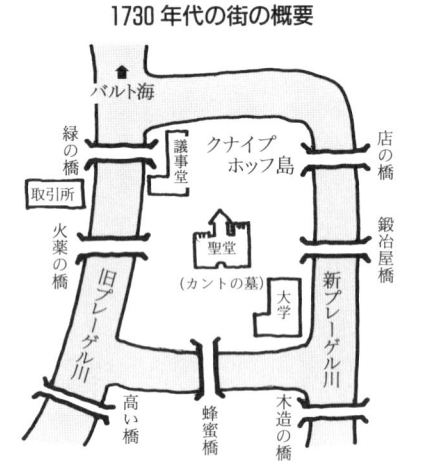

(注1) 島の大きさは幅300m，長さ500m位
(注2) 前ページの地図の位置を90°右回転したもの

ケーニヒスベルクは，バルト海に面し，1255年東プロイセン（ドイツ）によって建設され，中心地としてハンザ同盟に加入し，大いに発展したが，第二次世界大戦後，ソ連の特別区に編入され，カリーニングラードとなった。

2　サテ。街の人々から生まれた問題とは？

"謎"を追求してやまない著者は，何よりもこの目で確かめようとして旅行社をたずねたが，どこも情報不足であり，政情不安でもあることからツアー設定の予定もないとのことであった。

そこで勇気をふるい，秘書役の妻と現地案内人との3人で，この地を探訪した。かつてイラクで人質の経験（『イスタンブールで数学しよう』黎明書房参照）があるので，多少のことは平気！

まず，前ページの地図・案内図が，謎の場所である。

つまり，著者の読んだ10余冊の日本の数学書に出てくる街の絵は，地理図としては，まったく不正確なものであることが確かめられた。

第一の謎が解けたあと，ここで第二の謎を追求していくことにする。

上右図が，1730年代の地図（当地，歴史博物館の資料による）であるが，街の中心であるクナイプホッフ島にかかる7つの橋に関して，

「どの橋も1回ずつ渡り，7つすべての橋を渡ることができるか」

という問題が人々の興味の的となったという点についてである。

第1章 『7つ橋渡り』問題と後日談

現在の街の様子

第二次世界大戦の空爆で街は廃墟と化した。右図のように，高架道路のほか3つの橋だけ残っている。

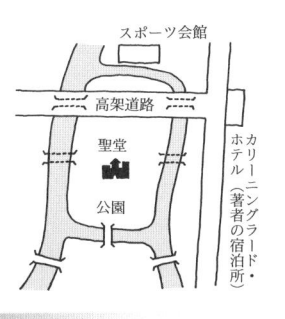

(図：スポーツ会館，高架道路，聖堂，公園，カリーニングラード・ホテル（著者の宿泊所）)

ホテルの8階から撮った高架道路

手前に昔の橋台が見える，高い橋  　　聖堂を望む，蜂蜜橋 　　木造の橋から島を撮る著者

　世界中にゴマンと都市，村があるのに，「街の人々の中から自然発生的に誕生した問題」というところは皆無といえよう。
　このケーニヒスベルクの街に限って，なぜ，そんな珍しいことが発生したのであろうか？　ここで再び博士に質問するとニコリとし，
　「ここは，哲学者カントが一生住んだ地であり，島の大聖堂には彼のお墓がある。また，ケーニヒスベルク大学は，ドイツのゲッティンゲン大学とロシアのペテルブルク大学を結ぶ，三大学の1つで数学黄金時代を築いた大学だョ。後の大数学者の3人，フルウィッツ助教授，ヒルベルト学生，ミンコフスキー学生が，毎日午後5時に落ち合い，散策しながら数学の議論をしたという。ドイツ的な静かで思索，学究の都市だったようだ。
　当然，街全体が，"知的雰囲気"をもっていたので，何でも『考える問題』にして人々が楽しむ土地柄だったのだろう，と想像している。」
　ナルホド!!　さすが道博士の着想力，と感心した。

2 パズル化された『一筆描き』

問題を"数学化する"と…

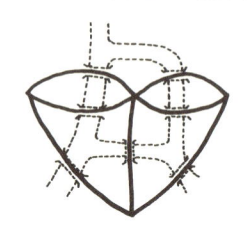

太線の図が「一筆で描ければよい」という問題に代えられる。

写真上　歴史博物館
写真下　博物館内の「昔の街の模型」

1 数学の土俵にのせる

　前ページの図のように，かつてあった7つの橋のうち，残っているのは3つであり，それも戦後に作りかえられたものである。

　この地は，ロシア領（飛び地）となり，7つ橋の近くに歴史博物館があって，昔の姿を模型で残しているほか，戦争パノラマや遺品の展示場もあり，戦禍の跡を示している。

　しかし，街の人々やガイドはもちろんのこと博物館員さえも260年前に『7つ橋渡り問題』でこの街が沸いたことを知らないのである。

　これは著者が大変驚いたことであるが，ガイドや館員たちは，「いい話を聞いた。今後観光客に紹介しよう」とよろこんでいたという。

　さて，本論にもどることにしよう。

　"7つ橋が渡れるか"の問題は，ムダな条件を捨象すると，上図のようにメガネ型の線図が「一筆で描けるか」の問題に代えられるのである。

第1章　「7つ橋渡り」問題と後日談

街を歩いて拾った絵

並木／電柱／電灯
一方通行／理容院／看板
レンガ塀／ガードレール／大型トラック

（ヒント）
分類の視点（タイプ）
①　②　③

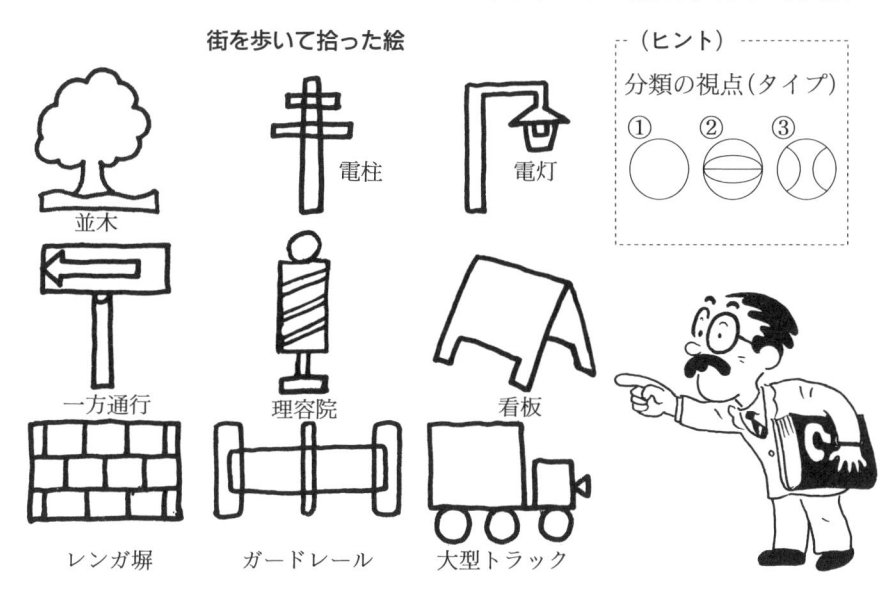

　これから，いよいよ本腰を入れて"一筆描き"に挑戦しよう。

　挑戦の目標は，ある線図が一筆描きできるか，できないか，のルール作りである。

　道　志洋博士に聞けば簡単であるが，それでは能がなさすぎるし，数学やパズルを考える興味が半減してしまう。

　「苦心の末，ルールを自力で発見したよろこび」を，ここで味わおう。

　そこで，"どうしたものか"，と歩きながら考えているうちに，街の中で拾った上の9つの線図をとりあげてみた。

　まず準備体操として，ヒントのボールについて考えてみよう。順に，

　①できる，②ある点から始めるとできる，③どうやってもできない

と，3種類あることが予想される。

　このヒントで，上の9つについて一筆描きを試みてみよう。

　サア，サア，うまくできたかナ？

13

橋の１つをつけたり，とったりしたら…

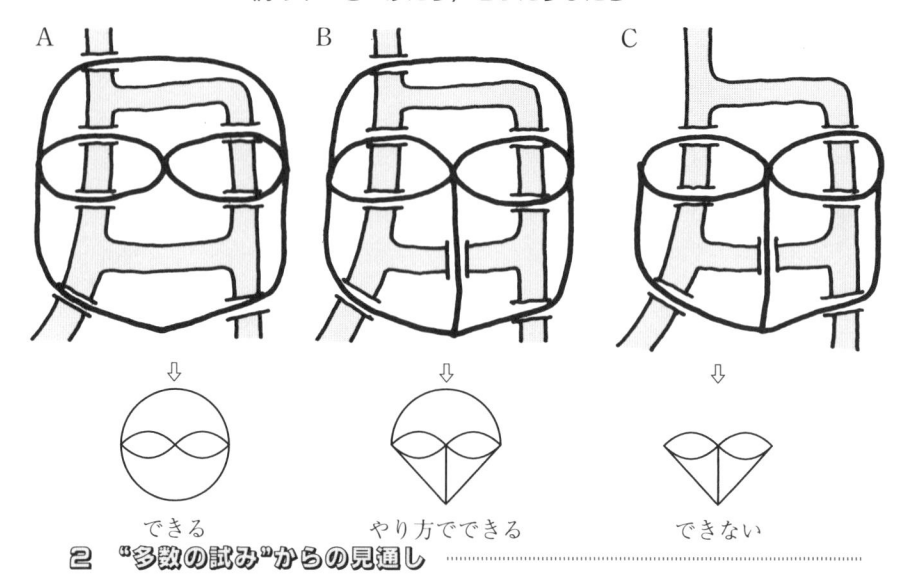

A　　　　　　　　B　　　　　　　　C

⇩　　　　　　　　⇩　　　　　　　　⇩

できる　　　　やり方でできる　　　できない

２　"多数の試み"からの見通し

　前ページの９つの線図の挑戦で，"一筆描き"のもつカラクリを発見したであろう。

　そこでもう一歩考えを進めてみることにする。

　ケーニヒスベルクの図について，上のようにＡ図に橋を１つ，つけ加えたＢ図にしたり，Ｂ図で１つ橋を取り除いたＣ図を作り，と手を加え，この３種を比較してみると，

　　Ａ　どこから始めてもできる，Ｂ　やり方でできる，Ｃ　できない
という違いがあるのに気付く。

　何がその違いの原因なのであろうか？

　いや，それよりもＣ図つまり，「ケーニヒスベルクの７つ橋渡り」の問題は，ほんとうに"一筆描き"が不可能なのか，やり方が上手ならできるのではないか，など，不明な部分がある。

第1章 『7つ橋渡り』問題と後日談

13ページの解答

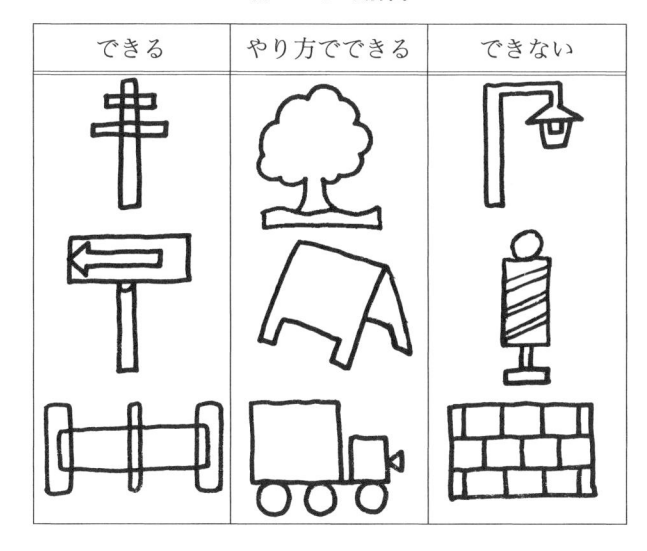

できる	やり方でできる	できない

（注）次の場合は1点と考えて作図する。

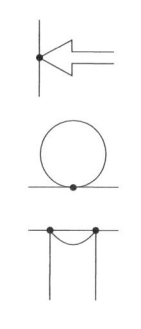

　そろそろ問題の焦点に迫ってきたので，13ページで示した「街を歩いて拾った絵」の解答を示すことにしよう。

　何度か作図を試みた結果から――道　志洋博士は「私なら描かなくても一目でわかる」と豪語しているが――上のように3つに分類することができた。

　自分で問題を作り，それを解く，というのは数学の醍醐味（だいごみ）の1つであるから，あなたも街を歩いて一筆描き用の線図を作ってみてはどうかナ？

　「"自作問題"を作る」というのは，その内容を知る上で大いに役立つ方法なのである。

　さて，上の右方に（注）を示したが，このことから気付くように，1点と線との関係が大きなポイントになっている。

　<u>1点から出ている線の数に注目して</u>，そろそろこの問題に結論を出すことにしよう。

3 問題解決の見事な発想

単純な線図で調べる

できる	やり方でできる	できない
□	○	△
⊠	△	⊕
☆	⌂	☆
～	?	╪

（ヒント）

1点に集まる線の数から
$\begin{cases}偶数本集まる点——偶点\\奇数本集まる点——奇点\end{cases}$
と分類し，偶点，奇点のもつ特徴を調べる。

（注）────も●────と見て，両端ともに奇点と考える。

1　解決の目のつけどころ

「数学的なものの考え方」の基本の1つに，"問題の単純化"という手法がある。つまり，原点に戻ることである。

"一筆描き"ができるかどうか，のパズルとしては，複雑な線図の方がおもしろいが，「ルール作り」という基本を探るには，単純な線図の方が適当である。

この原則によって，上のような簡単なもの12図形を選び，偶点，奇点の考えで分析することにした。

サテ，ここで，あなたは何を発見したであろうか？

1つの分析法としては，

・どこからでもできる線図は，1本の輪ゴム
・やり方でできる線図は，1本の針金
・どうやってもできない線図は2本以上のひも

から，それぞれ作られているものと区別できる。

偶点と奇点の妙？

	線図	特徴	
		偶点	奇点
できる		3	0
やり方でできる		2	2
できない		0	4

偶点は通過点

奇点は始点(出発点), 終点

〔参考〕
- 偶蹄目(ぐうていもく)——牛, らくだ
- 奇蹄目(きていもく)——馬, 鹿

「オイオイ，せっかく，偶点，奇点というおもしろい発想をもちながら，いつの間にかこれから離れて，輪ゴムだ，針金だ，ひもだ，と妙な方向に分析が進んでしまって——，惜しいネ。

話を，偶点，奇点に戻して追求してごらんヨ。」

突如，道　志洋博士がのぞき込んでこう言った。

で，「どうしよう」というのか？

ここで14ページの線図を上のようにまとめ，各図について偶点，奇点の数を調べ，表にしてみた——もし興味があったら，13ページ，16ページの線図についても調べよう——。

表から，「どうやらルール作りのヒントが得られそうである」と感じたであろう。

いま，偶点の特徴を見ると，これは"通過点"であり，一筆描きでは邪魔にならない点であることがわかる。一方，奇点は難しい性質をもち，これが描ける，描けないの鍵を握っているようである。

オイラーの登場と活躍

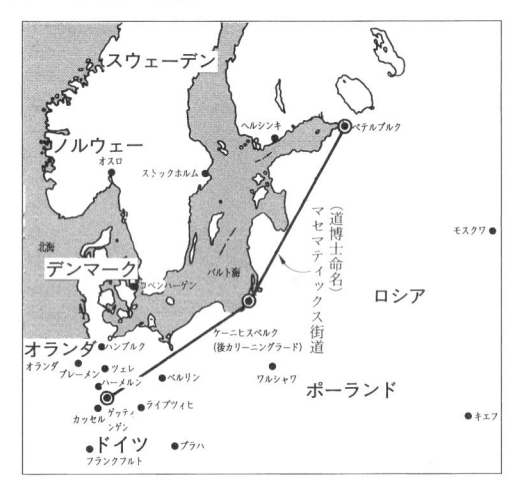

難問解決はオイラーにまかせろ！

オイラー(1707〜1783)

スイスとドイツ・ロシアの三大学

2　ルール作りの考案者

　多くの人々が考え，試みた，この易しい問題は，誰1人解決することができなかった。

　これを見事に，不可能問題‼　として証明したのがオイラーである。

　道　志洋博士は，オイラーについて，こう紹介してくれた。

　「1707年スイスのバーゼルで数学好きの牧師の子として生まれ，父から数学を教えられて育ったという。後に18世紀最大の数学者となったが，幸運なことに，友人にベルヌーイ一家（100年間で10人の数学者輩出）がいて学力をたかめたのである。

　当時，黄金時代を迎えつつあったゲッティンゲン大学，ケーニヒスベルク大学，ペテルブルク大学で研究し，後世"18世紀後半のすべての数学者にとって共通の先生"といわれたほど，幅広い領域の研究をした人だ。

　彼の名のつくものに，オイラー円，オイラー線，オイラーの変換，オイラーの関数，オイラーの公式，オイラーの示性数，オイラー図などなどある。」

第1章 『7つ橋渡り』問題と後日談

> **"一筆描き"のルール**
>
> (1) 偶点だけの線図は，どこから始めても描ける。
> (2) 奇点が2つの線図は，一方を始点，他方を終点として描けば描ける。
> (3) 奇点が4つ（3つということはない）以上の線図は，一筆描きすることはできない。

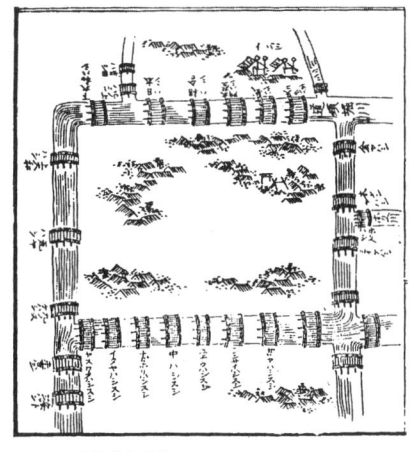

和算家,武田真元著『真元算法』(1845年)の中の「浪花二十八橋知恵渡り」の図
（注）渡り初めの橋は数えない，という

道博士はさらにつけ加えた。

「そうそう，あまり勉強しすぎて，60歳過ぎに盲目になってしまうんだよ。約850編もの著作，論文，という超人的な量の研究の末だ。

おたがい，勉強はほどほどにしようか。」

さて，オイラーは，『7つ橋渡り問題』について，上のような"一筆描き"のルールを作り，この問題が(3)に当たることから，不可能問題であることを証明したのである。

オイラーが，7つ橋渡り問題を捨象して線図の一筆描きパズルにしたことは，数学界が大きな一歩をふみ出すきっかけになった。

これについては後述（24ページ以降）しよう。

"橋渡り"についての別の謎に，上の道頓堀付近の問題がある。

ドイツの話から100年経ているので，恐らくシルクロードを通り，中国経由で伝えられ，和算家が真似たものと思うが……，でも独創かも？

4 「数学の典型」的発展をした内容

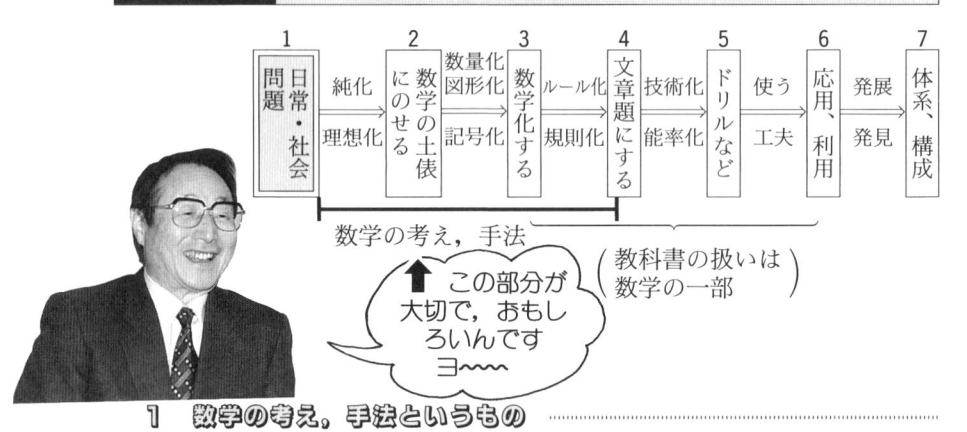

```
1 日常・問題社会 →(純化・理想化)→ 2 数学の土俵にのせる →(数量化・図形化・記号化)→ 3 数学化する →(ルール化・規則化)→ 4 文章題にする →(技術化・能率化)→ 5 ドリルなど →(使う・工夫)→ 6 応用・利用 →(発展・発見)→ 7 体系、構成
```

数学の考え，手法 ← (1～4)
教科書の扱いは数学の一部 ← (4～7)

（吹き出し）この部分が大切で，おもしろいんですョ～

1 数学の考え，手法というもの

数学の中の１つの内容が誕生してから完成まで，奇妙ながら，ほぼ300年間を要している点で一致している。たとえば，

　　ユークリッド幾何学，関数論，統計学，確率論，そして和算

など数々ある。

７つ橋渡り問題も，やがて高級数学の『トポロジー』（位相幾何学）となり，さらに"位相の考え"が他の領域に広がり，やがて集合論などと共に現代数学に組み入れられるころ，300年ということになろう。

数学の多くの内容が，誕生から完成まで上の表のような経過をたどって発展している。

『トポロジー』は，まさにその代表的なスタイルといえよう。

著者は，「数学とは……」の質問に答える一番わかりやすい例が，この章でとりあげた一連の流れであると考えている。

余談ながら，教科書も上の１～７で述べるようにするのが望ましい。

パズル『魔方陣』から『推計学』まで

1　(亀の甲羅の図)

2　数学の土俵へ ⇒ (記号化された図)

3　記号化する ⇒

2	9	4
7	5	3
6	1	8

4　ルール化 ⇒ 〔記憶法〕
「ニクシ」と思うな
シチゴサン
ロクイチぼうや
に蜂がさす

5　技術化 ⇒ 四方陣，五方陣／円陣／星陣／他

6　発展 ⇒ ラテン方格（164ページ）

7　応用 ⇒
・農事研究（種まき）
・原子研究（配列）
・会社の人事異動（配置）など

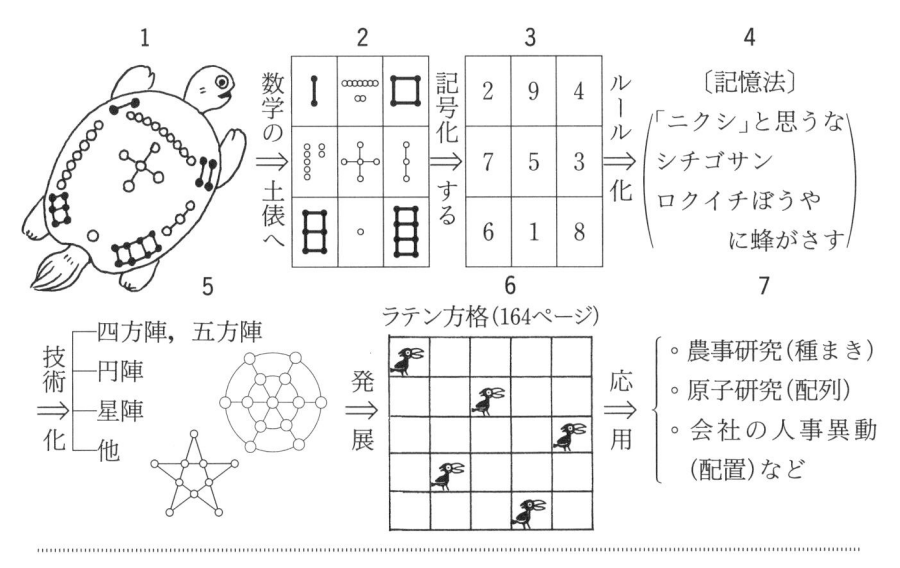

　いまから 4000 年ほど昔，中国の聖帝「禹王(う)」のとき，洛水（黄河）から大きな神亀(しんき)が現れた。中国では古代からよい政治をした聖帝の世には，竜馬(りゅうめ)や神亀が現れるという伝説があったのである。

　さて，その亀の甲羅(こうら)には，上のような模様があった。実はこれが有名な魔方陣の誕生であるが，やがて数学の内容とされ，上のように発展していくのである。

　この流れを見ると，前ページの 1〜7 と同じもので，これも「数学の典型」になっている例である。

　しかも，「一筆描き」パズルと同様，人々の知的遊戯が，やがて高級な学問へと発展した上，社会に大きな貢献をしているのは "見事" ということができよう。

　農事研究では，土質や日当たり，配水そして種(たね)の種類など多くの条件があるものを，条件をできるだけ均等にし，短期間で結果を出すのに，"魔方陣のアイディア"（標本調査）が有効なのである。

"問題"の発生の領域

- 生活の必要
- 社会の問題解決
- 暇つぶしの遊び
- 知恵競争
- 数学難問の追求
- 商工業の発展
- 遠征，戦争の目的

などから数学が誕生していく。

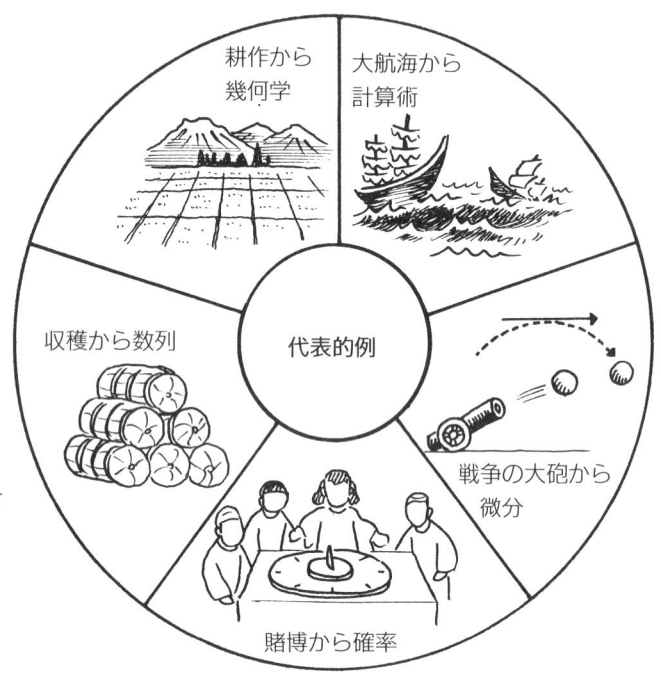

代表的例
- 耕作から幾何学
- 大航海から計算術
- 戦争の大砲から微分
- 賭博から確率
- 収穫から数列

2 どんなきっかけからも生まれる数学

「数学は勉強しても何の役にも立たない」

「ドリルや単純作図，証明などの繰り返しで，興味がわかない」

「答が1つなので，できないとつまらない」

などなどの点から，数学への不平，不満そして不評が古今東西，あとを絶たないのである。

そうなると，「数学とは何か？」という哲学的問題に入ってくる。

上記の大部分の声の主は，『教科書数学』『受験数学』を学んだだけの人であって，"数学の本質"を知らない人の言葉であるといえよう。

道　志洋博士は，こうした学校での指導から数学嫌いになった人に同情し，生徒，学生，ときに教師，カルチャー講座参加者に講演あるいは著書などで，20ページの発展図を示し，上の数学"問題"発生の領域について語りながら，"数学の実体"を知ってもらう努力をしてきている。

そして，「日本で『数学』の語が，誤解を招く張本人だ」と言う。

第1章 『7つ橋渡り』問題と後日談

$\mu\alpha\theta\eta\mu\alpha\tau\alpha$（マテマタ）とは「諸学問の基礎」
⇓
mathematics……英語

〔古代ギリシア数学の内容〕

数学 ｛
- 算術──日常諸計算
- 数論──数の理論
- 幾何──図形の理論

〔古代中国での名称〕

算数，算術，算経，算法，算学など。すべて算がつく。

「算」の古字は筭（竹を弄ぶ）で，計算のこと。

幾何学は「論理学の土台」
──アテネの郊外，アカデメイアの森──

数学では，"数の学問"の印象が強く，数字，計算が主で，関数，統計，確率は数を扱うのでまだ含まれるとしても，数学の語から図形や論理，さらに数学独特の考え方や手法が浮かんでこないのである。

明治のはじめ中国から★『幾何学』が輸入されたとき，日本人にはわかりにくいので『形学』にしようという提案があったが採用されなかった。これは「既存用語の変更は輸入語であっても困難」という例である。

道 志洋博士は，「『数学』に変わるよい用語があっても，もはやその新語は定着しないだろう。現代のカタカナ数学時代に便乗して『マテマタ』という名にしたら成功するんじゃあないか？」と提言する。

たしかに，長い間中国伝来語の『数学』で，正確なイメージをもてない日本人には，思い切ってこの名称変更をしたほうがいいのではないだろうか。

（注）★ 『幾何』の語源は，英語の *geo-metry*（土地──測る）の geo（ジェオ）の音に似て（面積幾何など）意味もある幾何を当てたことによる。

5 トポロジーとユークリッド

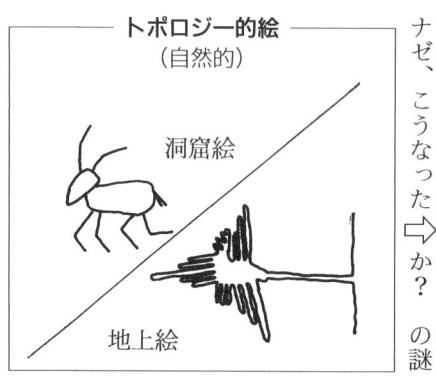

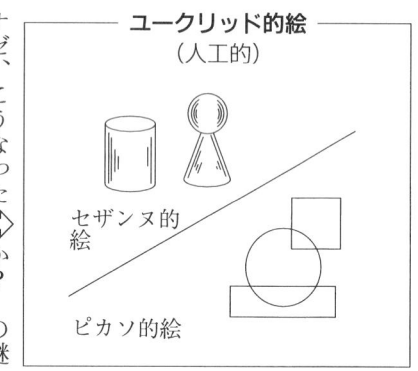

――― トポロジー的絵 ―――
（自然的）
洞窟絵
地上絵

ナゼ、こうなったか？の謎 ⇒

――― ユークリッド的絵 ―――
（人工的）
セザンヌ的絵
ピカソ的絵

1 太古の絵と幼児の絵

ふつうの場合，幼児が絵を描くようになると，親や周囲の人たちが，あれこれと注意，指導する。

幼稚園や小学校に行くようになると，正式に描き方の指導，教育がおこなわれ，「真似ぶ」――→「学ぶ」のレールにのっていくものである。が，もしこうした"描く技術"の指導を受けていないときは，どのような絵を描くものであろうか。

この両者を"数学の視点"で見ると，次のようである。

〔見た感じを自然に描く〕：〔描く技術をもとにして人工的に描く〕
　　（トポロジー的絵）　　　　　　（ユークリッド的絵）

上の２つの絵を見比べながら，述べている意図をとらえてほしい。

道　志洋博士は言う。「人間は元来，トポロジー的なのだが，教育によって，直線，円，なんだかんだとユークリッド的な形式張った考えにさせられた。ところが，18世紀の"一筆描き問題"が，再び人々を考えなおさせたのである」と。

第1章 『7つ橋渡り』問題と後日談

山河の地あり

トポロジー的(自然)町
山，河，池は避けて通る（曲線の道）

⇨ 文明という。⇨

ユークリッド的(人工)街
障害物はトンネル，橋で（直線の道）

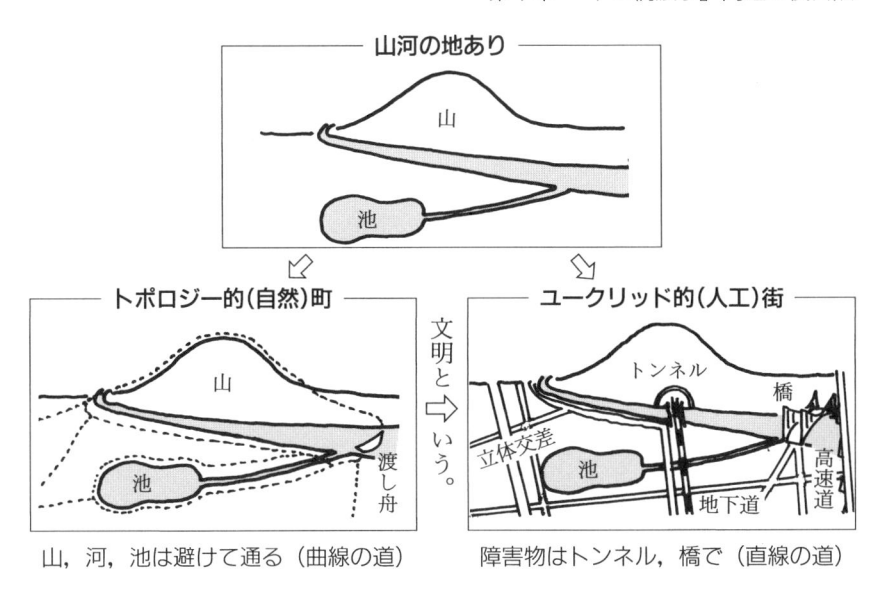

　「アフリカで誕生した人類が，世界中へと散っていった」という太古の話までさかのぼらなくても，蒙古人が氷のベーリング海を渡ってアメリカ大陸へと移住したアメリカ・インディアン，あるいはゲルマン民族の大移動など，人間が集団で移動し，新しい地で定住するなどのことは多かった。近年では，西欧人のアメリカ西部開拓や日本人の北海道入植などがあるが，この集団は，田畑の開墾をしながら村をつくり，町をつくるということをしている。鉱山発掘でも同じであろう。

　こうした町村づくりでは，山河などの自然に合わせた道づくりなどをするのがふつうで，トポロジー的である。

　しかし，町村が拡張されたり，都市になると道は直線になり，奈良・平安京の碁盤の目や城下町のような人工的設計と変わっていき，やがて直線のため，橋をかけ，トンネルをつくったりする。

　ところが，現代では高速道路や高架線など，曲線の多い，トポロジー的に変わりつつあるのが人間文化として興味深いことである。

人間の場合

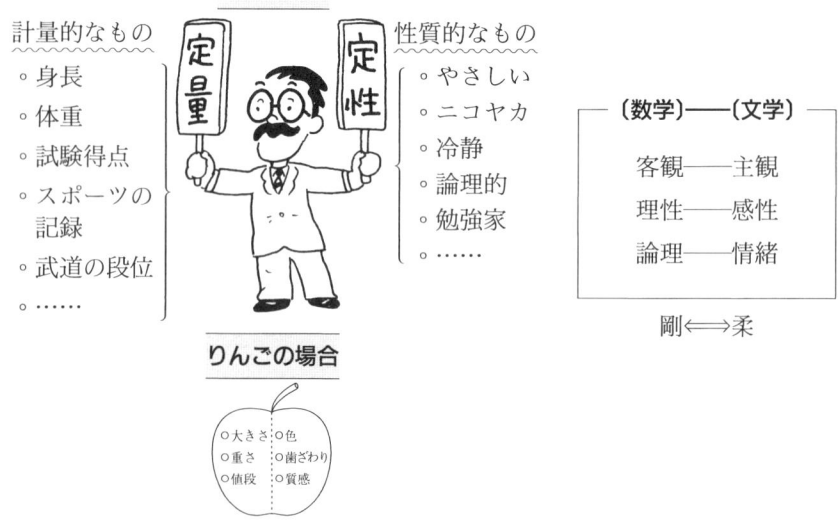

計量的なもの
- 身長
- 体重
- 試験得点
- スポーツの記録
- 武道の段位
- ……

性質的なもの
- やさしい
- ニコヤカ
- 冷静
- 論理的
- 勉強家
- ……

〔数学〕――〔文学〕

客観――主観
理性――感性
論理――情緒

剛⇔柔

りんごの場合

- 大きさ 　・色
- 重さ　 　・歯ざわり
- 値段 　　・質感

2　定量と定性の長短

　"数学の特性"は，すでに 20 ページの「数学の典型」的発展図で述べたように，どのような対象でも「数量化，図形化，記号化する」ことによって数学の問題とし，それによって事象，現象を明確にして解決する，という手法をとってきた。代表的なものが，「偶然の数量化」といわれた統計，確率の創案であろう。

　つまり，何事も数量化，図形化して，客観的なものにしてきている。『文学』とは異なり，人によって解釈が異なるとか，アイマイ的な部分があるとか，曰く言い難し，などのようなものが入りこまないようにしている。

　これが，長い間数学の代表である『ユークリッド幾何学』の姿である。

　ところが，18 世紀に登場した『トポロジー』（位相幾何学）は，数学 2000 年の伝統を破るものであったが，私はここに謎を感じた！

　こうした"文学的な数学"もまた，従来の『数学』の仲間に入れられるのか，と。

第1章 『7つ橋渡り』問題と後日談

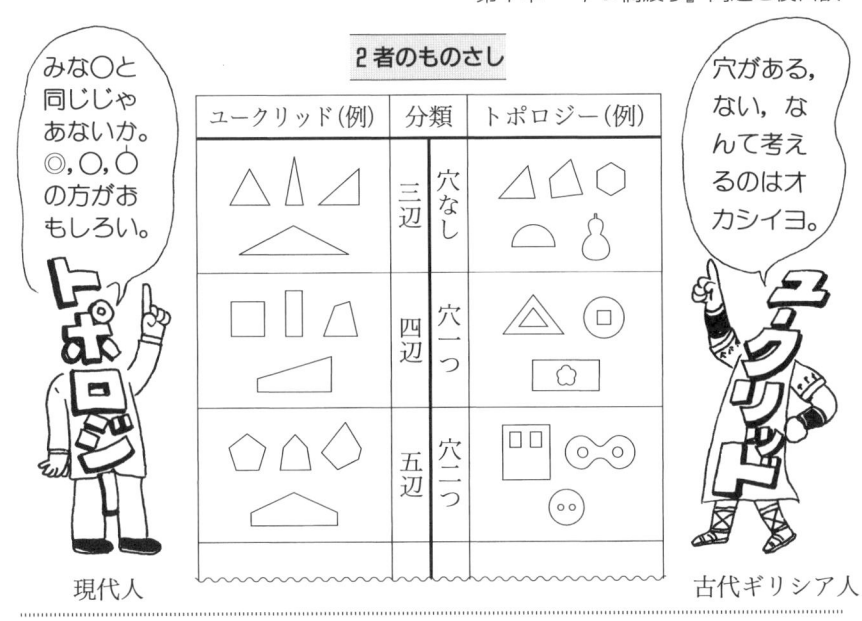

2者のものさし

ユークリッド(例)	分類	トポロジー(例)
△ △ ▽ △	三辺 / 穴なし	△ ○ ⬡ ◖ ⎠
▭ ▱ △ ▱	四辺 / 穴一つ	△ ▢ ▭
⬠ △ ⬠	五辺 / 穴二つ	▣ ∞ ◎

（現代人）「みな○と同じじゃあないか。◎,○,○の方がおもしろい。」

（古代ギリシア人）「穴がある,ない,なんて考えるのはオカシイヨ。」

「どうしよう？　どう考えたらよいのか。」

こうした問題になると，道　志洋博士の解説を聞くことになる。

博士は上の図を示しながら，次のように語った。

「伝統的な数学では，ものさしは"量"であったナ。たとえば，平面図形の分類では，"辺の数"で三角形，四角形，五角形，……と。

これは立体になっても同様だね。

一方，『トポロジー』は，たしかに"文学的な数学"の感じだが，これが数学といえるのは，キチンと"数学の構成"を整えている点からだ。

説明すると長くなるので略すが★，示性数（標数）という**ものさし**

　　　(点の数)－(線の数)＋(面の数)

で分類しているので，数学の体制を整えているといえるのサ。

これが，創設者オイラーの偉大なところだろう。」

"定性の中の定量化"ということで，興味深いものである。

（注）★　拙著『メルヘン街道数学ミステリー』（黎明書房）を参照。

27

6 図形の中の位置

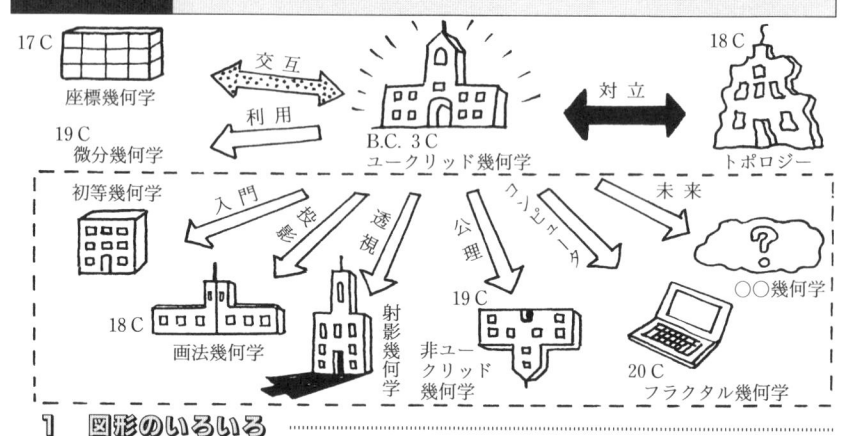

1 図形のいろいろ

　図形研究を学問化した『幾何学』は，紀元前3世紀に完成した『ユークリッド幾何学』以来，約2000年間，図形学に別種のものはなかった。

　しかし，17世紀以降，上のように続々と新しい幾何学が創案された。この10近い幾何学は3つに分類できる。

(1) ユークリッド幾何学の発展や欠点からの誕生
(2) 代数や微分と融合したもの
(3) ユークリッド幾何学とは対立関係にあるもの

　これからわかるように，『トポロジー』（位相幾何学）だけは，唯一，王者と正面から対決した幾何学といえるのである。

　ここで道　志洋博士は言葉を継ぐ。

　「図形学として誕生したこのトポロジーが，やがて数学の全領域へと発展し，20世紀の集合，構造，位相，変換という数学の新構成の主要な柱になっているのだ」と。

トポロジーからも生まれる数学

1　『カタストロフィー』の図形的説明

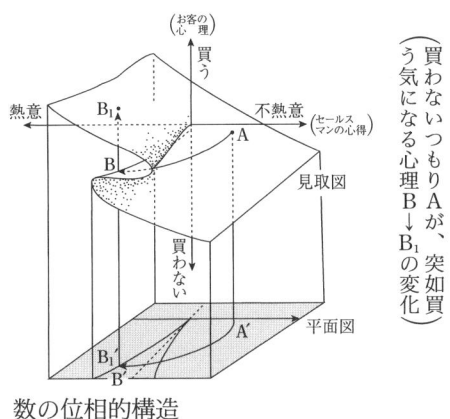

（図：見取図と平面図、軸は「お客の心理（買う／買わない）」「熱意／不熱意（セールスマンの心得）」、買わないつもりAが、突如買う気になる心理B→B₁の変化、点A, B, B₁, A', B', B₁'）

2　数の位相的構造

数の種類とその"つまり"（密度）具合

位相（*topology*）

○ 集合に適当な構造を与えて，極限や連続の概念を定義できるが，その構造を位相という。

○ 位相の名のつく用語

　位相解析
　位相空間
　位相群
　位相合同　　　など
　位相写像
　位相数学
　位相的性質
　位相同型

20世紀に新しい数学として芽ばえつつあるものに『カタストロフィー』（破局）がある。

これは，不連続な現象で突如とした変化，たとえば，

　自然界　　——地震，火山の爆発，稲妻，雪崩，津波など

　動植物界——昆虫・魚・植物の異常発生，動物の集団暴走など

　人間社会——戦争勃発，株の暴騰・暴落，突然死，男女間の別離など

などについて，"数学の目"で解明するものでそれを7つのパターンに分けて説明しているが，上の図はその代表的なものでトポロジーを用いた図表現を試みている。

一方，数についても，次のような構造面から大別をしているのである。

(1)　演算（加・減・乗・除と累乗根）についての構造

(2)　大小や順序についての構造

(3)　数直線上の数の位相（つらなり，つまり具合）的構造

　　——整数は離散的，有理数は稠密的，実数は連続的——

光線と変換で統一

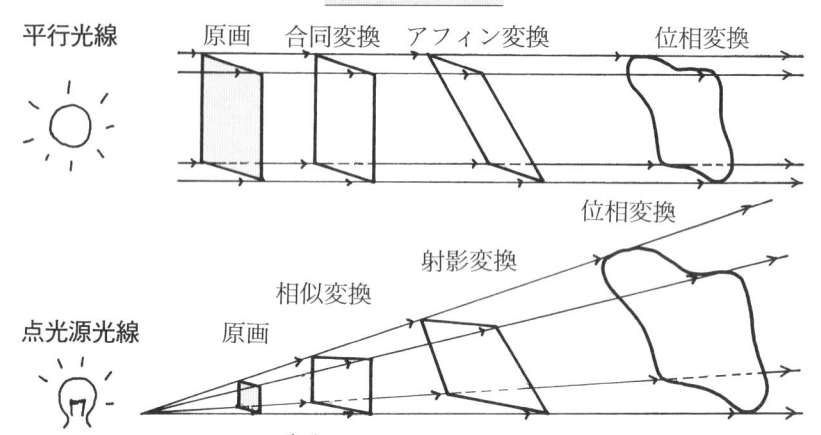

平行光線　原画　合同変換　アフィン変換　位相変換

点光源光線　原画　相似変換　射影変換　位相変換

（注）アフィン変換とは，擬似(ぎじ)変換といい，窓にさし込む太陽光線のような，平行四辺形の変換である。

2 "変換"の目で統一

　図形について，小・中学校で合同，相似を学び，高校で変換を学ぶ。しかし，統一的な見方はされていない。

　ここで，合同，相似，アフィン，射影，位相を統一的に見ることにしてみよう。その観点は上図の"光線"の利用である。

　まず，ある図形が，別の図形に変換されるとき，その光線が，

　　平行光線（太陽光線やレーザー光線）　｜
　　　　　　　　　　　　　　　　　　　　｝と変換される画面
　　点光源光線（ローソクや電灯の光線）　｜

によって上のようにまとめられる。

　位相変換の方は，いずれも光を受ける画面にシワがあると考えればよいであろう。

　さて，次の段階として，"原画"がある変換によって別の形になったとき，その図ではどのような性質が失われたかを調べてみよう。

〔参考〕変換を「行列」で示すことができる。それは高校の『代数・幾何』で学ぶ。

第1章 『7つ橋渡り』問題と後日談

変換と残された性質

光線＼原画	平行	平行でない	曲面
点光源	相似変換 2　角の大きさ 4　平行関係 と5〜7	射影変換 5　直線性 と6，7	位相変換 6　点の並び順 7　線のつながり
平行	合同変換 ◦原画とすべて同じ	アフィン変換 4　平行関係 と5〜7	

（参考）各変換について失われた性質を考えてみよう。

図形の変換

図形を点の集合と考えたとき，あるルールですべての点を他へ移したときできた図形。

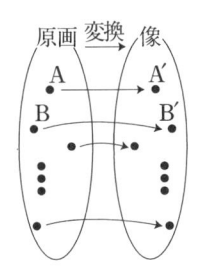

紀元前3世紀に集大成された『ユークリッド幾何学』では，その前のソフィストたちのゆさぶりの影響を受け，移動，変化，変形などを避けた。その結果，図形は固定し，唯一「三角形の合同で，一方を他方に重ねる」という移動があるだけである。

これは「図形を移動させると，図形の形が変わる」ということへの配慮である。

図形の性質と順位

1　線分の長さ　⎫
2　角の大きさ　⎬ 定量
3　面積　　　　⎭
4　平行関係　　⎫
　　　　　　　　⎬ 直線
5　直線性　　　⎭
6　点の並び順　⎫
　　　　　　　　⎬ 定性
7　線のつながり⎭

この"変わる"とは何か，を考えるとそれは右のような観点についてで，"変換"の図形では，「残された性質」というものは，それぞれ上の表にまとめたものである。

これによって，その特徴から日常・社会生活での各図形の利用，活用ということがされてくる。

身近なところから，それについて調べてみることにしよう。

7 日常・社会生活への応用

印刷術

○ 古代の印刷（ロール型）
　棒状のものを回転した

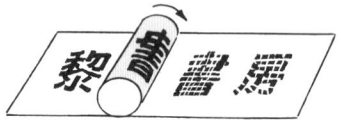

○ 16世紀の印刷術によって，算用数字の書体が決定した。

| 0 1 2 3 4 5 6 7 8 9 |

いろいろな変換

1　身近な利用

「親もなく妻なく子なく版木（はんぎ）なし

　　金もなければ死にたくもなし」

の句は，『海国兵談』などで国防の必要を論じたことから，幕府に要注意人物とみなされて版木を没収され，蟄居（ちっきょ）を命ぜられた林子平（1738～1793）のものである。"版木"とは，年賀状で印刷するような，板に文字を刻んだもので，江戸時代の書物はこれを使った手刷りの印刷によっていた。

〔参考〕400～500枚刷ると板の文字の凹凸がつぶれ使えなくなるという。

　これは，まさに"合同変換"である。

　こうした印刷法は古代からあり，世界各文化民族の博物館などに上記のロール形式のものが展示されている。

　印刷術が数学界に大きな貢献をしたことがある。13世紀に西欧へ伝えられたインド―アラビア数字が，形が定まらないため公文書での使用を禁じられたのに，印刷術によって形が決まり，広く使用された。

第1章 『7つ橋渡り』問題と後日談

輪ゴム手品

2つの輪を離すことができるか？
(1)
(2)

パズル（内部と外部）

(1) 同じもの同士を線の交差なしに結べるか？

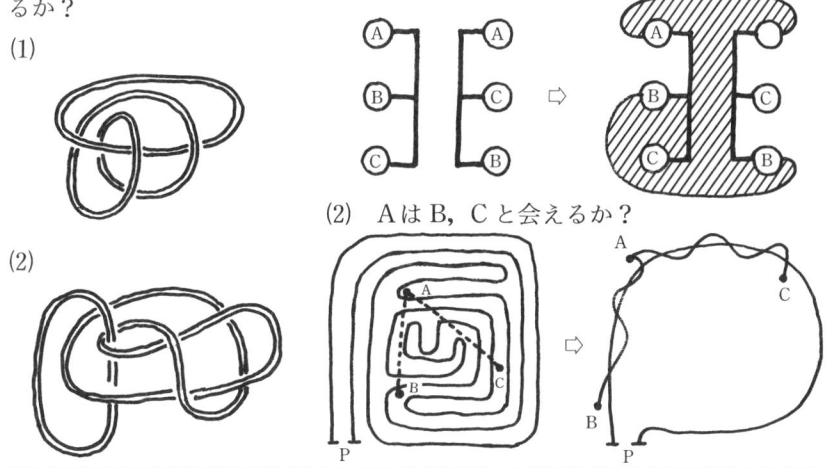

(2) AはB, Cと会えるか？

　人々を楽しませ，興味をおこさせる手品の中で，手の技でやるハンカチやひも，あるいは輪ゴムの妙技には感心してしまうものがある。

　これらの手品の中には，トポロジーの応用も数々あり，上の例もその1つである。

　手品(1), (2)について考えてみよう。また，自分でも考案してみよう。

　トポロジー利用のパズルもいろいろある。

　パズル(1)は簡単なようでなかなかできない。

　こうしたときは，工夫不足か，不可能問題か，のいずれかになるが，もし不可能問題ならば「7つ橋渡り問題」同様，不可能の証明をしなくてはならないであろう。

　パズル(1)の右図で，斜線を内部とすると，Cは一方が内部，他方が外部なので，線を交差することなしには両点を結ぶことができない。

　パズル(2)は，入口Pから空気をふき込んで円型にすると，周との交点が4のときBはAと同じ側（外），5のときCはAと反対側（内）となる。

射影変換

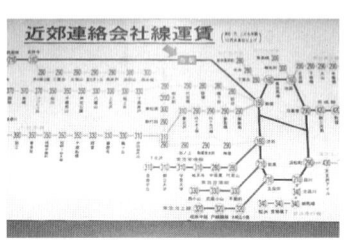

アフィン変換　　　　　位相変換

街を歩くと変換の発見がある

2　社会での活用

　街を歩きながら，"図形の変換"の目でそうしたものを探してみよう。
　まず，街角に貼られた各種の品の広告や映画館の看板広告は，相似変換である。
　足元の道路を見ると，

　　とまれ（止まれ），徐行，学校，40，∩，……

などの文字，数字，記号などが，引き伸ばした形で書かれている。これは"アフィン変換"で自動車のスピードに合わせたものである。
　また，日本で2番目に長いといわれるJR線東中野―立川間（25 kmの直線）を写したときのレール写真は，"射影変換"として見られる。
（注）アフィン変換のものも，カメラで撮ると射影変換に写る。
　では，位相変換されているものを，街の中で見ることができるであろうか？
　最も身近なところでは，JRや私鉄などの切符販売の上に掲示されている料金表の図がその代表であろう。

第1章 『7つ橋渡り』問題と後日談

位相変換と利用

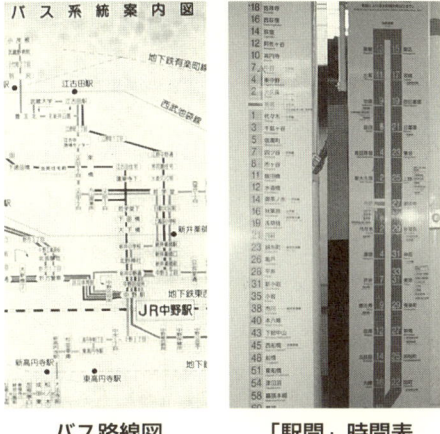

バス路線図
——系統案内図——

「駅間」時間表
——中央線と山手線——

どこまで仲間（同相）か？

これ，ナニ？

これ，ダメ？

　注目してみると，社会のあらゆるところ——とりわけ人々への案内関係——でトポロジー的図が見られる。

　バス停留場に立っている路線図や，主要駅のプラットホームの柱に貼ってある「その駅から他の上・下線駅までの必要時間表」などがある。しかし実際の距離や方向をまったく無視したもので，点の並びと線のつながり（乗り換え）だけを重視した"単純線図"なのである。

　すでに述べてきたように，位相変換は量的なものはすべて捨象してあるので，トポロジー的地図からは距離や方向を求めることができない。つまり，その利用目的によって使用することが必要であろう。

　『トポロジー』で重要なことの1つに"同相"というものがある。

　同相とは「位相（手相，人相のような形の相）が同じ」もののことで，日常語でいえば，同じ仲間である。ここでは，次のことに注意が必要！
　。伸ばす，縮める，折る，などはよい。
　。切ったり，つけ足したり，などはいけない。

35

？謎¿ "世界の七不思議"の探訪

　有名な世界の七不思議は，「ヘレニズム時代」（B.C. 3世紀）——文化の中心地はアレキサンドリア，アンティオキア，ペルガモン，ロードス島，アテネなどの都市——に，フィロが下のものを選んだ。

　エジプトのピラミッド以外は現存していないが，著者はバビロンとロードス島の探訪をした。

　"七不思議"は日本をはじめ，世界の各地域や国家で建造物などを設定しているが，自然現象では非科学的なものについてのものもある。

---フィロの7つの巨大な建造物，芸術作品---

1　エジプトのギザのピラミッド
2　アレキサンドリア港のファロス島の高さ110mの石造灯台
3　カルデアの首都バビロンに築いた空中庭園
4　エフェソスにある月神アルテミスの神殿
5　オリンピアにあるゼウスの像
6　ハリカルナッソスに建てられたマウソロスの廟（びょう）
7　ロードス島の湾口の80mの太陽神の巨像

ギザ（ピラミッド）　　バビロン（復元都市）　　ロードス島（記念に門柱あり）

7つの"街角の⓪"
の不思議な姿

第 2 章

「無いもの」を「ある」と考えること，しかもそれによって社会に有用性をもたらすことのナゾ

日本の五街道の出発点「日本橋」と「道」
──東海道・中山道・甲州道中・日光道中・奥州道中の0点──（左），一里塚（右）▼

復興まだ一里塚（用例）

1 京都『哲学の道』の第一歩

「なかのZERO」は，中野のほぼ中心に位置する「もみじ山」に「文化のまち中野」のシンボルとなる施設を——という構想の下につくられた本館・西館から成る複合施設の愛称です。(中野区ガイド・ブック参考)

サンプラザ　　　二子山部屋

1 中野区内の有名7名所

「東京は千代田区麹町平河町の生まれ。皇居半蔵門のお堀の水で産湯につかり，平河神社の境内で遊び育った江戸っ子だ*!!*」

道 志洋博士がよく人に"葛飾柴又の寅さん調"で自慢していた。なにしろ"江戸っ子のB型"という典型的，明朗で自己中心的の人物である。

ところが最近，そのセリフが変わってきた。それは，

「わが邸宅の位置は，なんと日本のヘソ（0）地点なんだ。」

と自慢しはじめたのである。数年前，近くに『なかのZERO・ホール』ができたことに由来している。そして，言葉を継いで，「芸能放送で有名な中野サンプラザ（A），相撲の二子山部屋（B），明大附属中野高校（C），堀越学園芸能コース（D），ZERO・ホール（E），そして後に述べる中野哲学堂（F）。もう1つ，人も知る道博士豪邸（G）だ。——彼は"7"にこだわり，自分のボロ家も入れる——どうだい*!!* この中野区内の7名所が，日本的規模の高知名度のものさ」と。

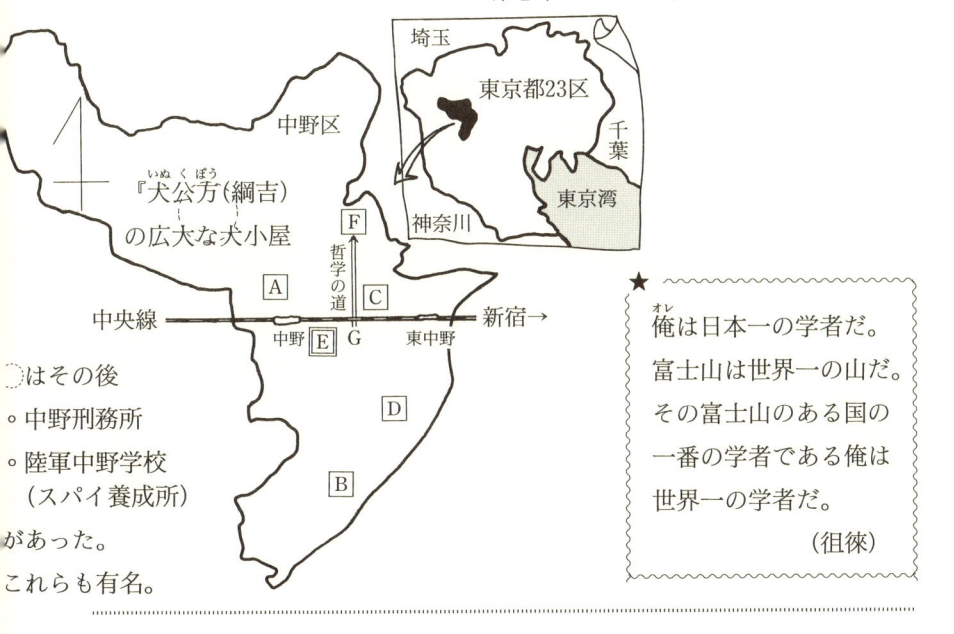

埼玉
東京都23区
千葉
東京湾
神奈川
中野区
『犬公方(綱吉)
の広大な犬小屋
F
哲学の道
A
C
中央線
新宿→
中野
E
G
東中野
D
B
◌はその後
◦中野刑務所
◦陸軍中野学校
（スパイ養成所）
があった。
これらも有名。

★

俺は日本一の学者だ。
富士山は世界一の山だ。
その富士山のある国の
一番の学者である俺は
世界一の学者だ。
（徂徠）

イヤハヤ，一杯飲んでいるような話である。

博士による，この7名所はマユツバとしても——。

東京都が日本の中心，中野区は東京都23区の中心，そしてZERO・ホールが中野の中心。そして，「この近くに住むわが家は……日本の中心，ヘソ（0）だ。」

という大変な三段論法である。

もっとも，かの荻生徂徠も似た論法を述べている★。

考えてみれば，夏目漱石の名作『坊ちゃん』に登場する数学教師の坊ちゃん，山嵐両先生なども似たようなもので，とかく数学好きの人間には，一本気で自己中心的，良くも悪くも明快タイプが多いようだ。

数学をやっているとそうなるのか，そういう人が数学に向いているのか？　いずれにしても奇人，変人といわれる傾向がある。

その変テコ論理の数学者，道　志洋博士が，『哲学』を語ろうと言うのであるから，何とも心細い。が，しばらく耳を傾けて聞くことにしよう。

哲学の根本問題

(1) 世界とは何か
   自然哲学，形而上学，本体論，**存在論**
(2) 知識（認識）とは何か
   論理学，**認識論**，知識・哲学，科学哲学
(3) 自己，人生とは何か？
   実践哲学，価値哲学（芸術，宗教を含む），実存哲学，社会哲学（法律，政治，経済を含む），歴史哲学

中野『哲学堂』

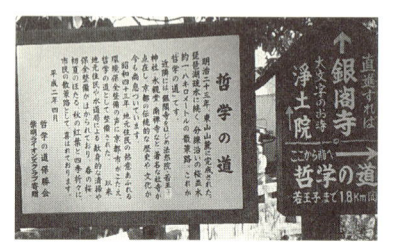

京都『哲学の道』

2 哲学の「無」は０か？

「数学と哲学と宗教との間に，共通なものがある。

それは"抽象の世界"に頭を使うことであり，代表例が『無限』と『無』。いずれも現実には存在しないものを，あるかのように考える世界だ。さて，哲学の内容はいろいろ（上記）あるが，数学者ターレス（B.C. 6世紀，ギリシア）の他，続くピタゴラス，プラトン，後世にはデカルト（A.D. 17世紀，フランス），パスカル（同），ライプニッツ（ドイツ）などといった数学者がそれぞれ哲学の開祖，発展者なのだから，哲学と数学とは切っても切れない関係にある。」

道博士は，ここぞとばかり滔々と語り続けるのである。そして，

「『哲学』の"哲"は『えい知』の意味で，ギリシア語 *philosophia*（知への愛）の訳語で，*philos*（愛している）と *sophia*（知恵）の合成語。

わが国で，哲学の語が用いられるようになったのは江戸末期だ。

哲学以前の哲学的雰囲気を味わおうとするなら，中野の『哲学堂』へ行ってみるのもいいよ」と。行ってみよう！

第 2 章　7 つの "街角の 0" の不思議な姿

『哲学堂』

哲学堂公園は，哲学者で東洋大学の創立者・故井上円了博士によって創立された，中野区の貴重な文化財で，哲学世界を表現した全国でも珍しい公園です。緑豊かな広大な敷地内には野球場・庭球場・弓道場もあり，いるだけで身も心もリフレッシュできるところです。(中野区ガイド・ブック参考)

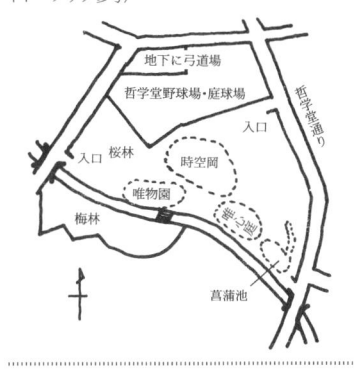

ハイデルベルクの『哲学者の道』

　道　志洋博士は，週 2 回自宅からほぼ真北 3 km にある哲学堂グラウンドの地下の弓道場に弓の稽古で通っていて，彼はこれを『哲学の道』と愛称し，「どうしよう」という問題を，歩きながら思索するのを楽しんでいる。『哲学の道』の "本家" は，有名な京都にあり，前ページの写真のように，道の出発点 (0 地点) に案内板がある。若王子まで川沿いの 1.8 km で，京都の哲人，学者たちが散策したという。

　ところが，これにもさらに "元祖" があった。ドイツのハイデルベルクである。ここは，ネッカー川をはさんで開けた赤い屋根の並ぶ，静かで美しい学園都市で，ドイツ最古の大学 (1386 年創立) がある。

　ハイデルベルク城から街全体を見下ろせるが，川の対岸の山の中腹に細く長い道がある。これこそ『哲学者の道』と呼ばれるものである。

　フランス 17 世紀，哲学者デカルト (110 ページ) の名言 "われ思う，ゆえにわれあり" これぞ哲学の第一歩「人間思考の原点 (0 点)」というものであろう。

2 街・駅前のデジタル時計の0

デジタル時計の0の2つの意味
{ 有効数字の0──1〜9と同じ数
  空位の表示の0──位があいている印 }

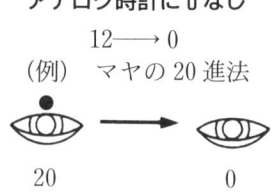

アナログ時計に0なし
12 ── 0
(例) マヤの20進法
20   0

1　街・駅前の2種類の時計

この辺で哲学，宗教の無，零，空から離れ，街に出て現実社会の"0"に目を転じることにしよう。

まず，着目するのは，人々に時を知らせる街の中や駅前の時計で，これはデジタル時計とアナログ時計に大別される。

古典的なアナログ時計には0がない。しかし「12」が0の意味をもっている。これは20進法のマヤ文化で，20が0の意味をもつのと同じ。

"数字0をもたないのに，0の意味をもっている"

やはり，0は不思議な謎をもった数である。

デジタル時計では，さらに0が別の働きをしている。上の時刻で，11：20と12：02では数字の意味がまったく異なるのである。

体重が58.0kgなどの表示のように他の数字と同じ数と，60.3kgなどのように位があいている印との2つの働きがある。

"0"はなかなか難解なもので，これは52ページでさらに考えよう。

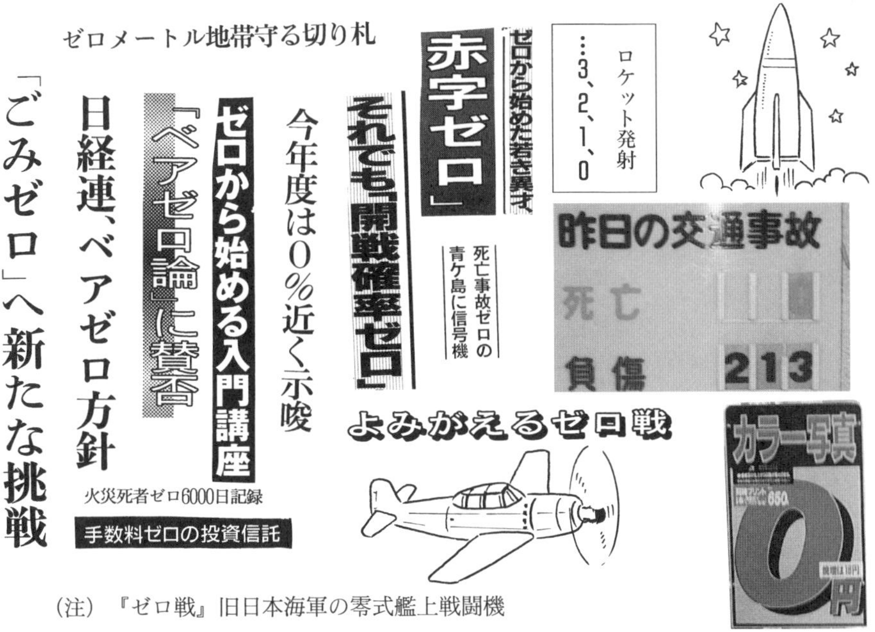

第2章 7つの"街角の0"の不思議な姿

ゼロメートル地帯守る切り札
赤字ゼロ
ゼロから始めた若き異才
ロケット発射 …3, 2, 1, 0
それでも「開戦確率ゼロ」
「ベアゼロ論」に賛否
今年度は0％近く示唆
ゼロから始める入門講座
死亡事故ゼロの青ヶ島に信号機
日経連、ベアゼロ方針
昨日の交通事故 死亡 負傷 213
「ごみゼロ」へ新たな挑戦
よみがえるゼロ戦
火災死者ゼロ6000日記録
手数料ゼロの投資信託
カラー写真 0円

(注)『ゼロ戦』旧日本海軍の零式艦上戦闘機

2 『ゼロ』の語の使われ方

　道　志洋博士は，0の呼び名について，次のように紹介した。

「インド　　　アラビア　　　ラテン語　　　　　　ドイツ語 *ziffer*
sunya　⇨　*sifr*　⇨　*zefirum*　　　　フランス語 *zéro*
（空虚）　　　　　　　　　　　　　　　　　英語　*cipher*

また，ラテン語 *nulla*（ない）⇨ドイツ語 *null*（零）

という流れがあった。一方，東洋では，インドの零は8世紀（唐時代），13世紀に中国へ伝えられたが影響を受けず，天元術で算木を使う計算の空位に○を用いていた。日本の江戸時代の和算では"下"を使い1.03 は一下三などとし，ソロバンではその桁をとばした（空位）。

　現代の日本での使い方は零（レイ），0（ゼロ）であるが，一般的には上にあるように片仮名"ゼロ"の使用が圧倒的である」と。

　日常では，「イヤー0点だ」「これで貸し借り0だよ」などと使い分けている。零，0の"謎めいた活用"や呼び方に関心をもつのもおもしろい。

3 基準が0でないもの

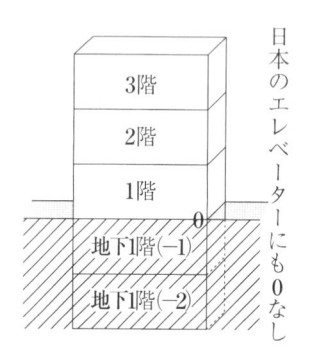

日本のビルの階 / 日本のエレベーターにも0なし

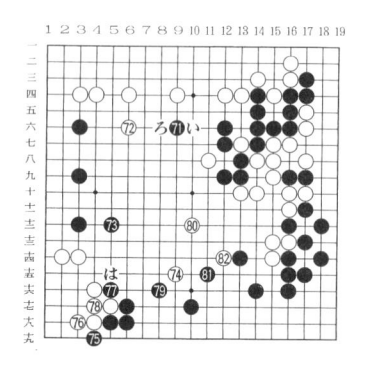

1 諺に0がないワケ

数ある諺(ことわざ)の中には，右のように数字を用いたものが多いが，0を使ったものはない。

おそらく主な諺がつくられた時代に0（零）がなかったか，一般的ではないということだったのであろう。

諺
- 一事が万事
- 二兎を追うもの……
- 三人寄れば……
- 四面楚歌
- 五臓六腑
- ……

日本人にとって，古くから庶民の主たる娯楽であった将棋や囲碁などは上に示すように0はない。勝敗の順位に，1位の前の0位はない。

また，デパート，商社などのビル，マンションなど，地下をもつ大きな建物では，"0階"があるところはないし，エレベーターも0階という表示はない。（後述するように欧米ではある。）

さて，日本のビルで0階をつくるとしたら――，地面？　ということになるのであろうか？

第2章　7つの"街角の0"の不思議な姿

西暦紀元の誕生

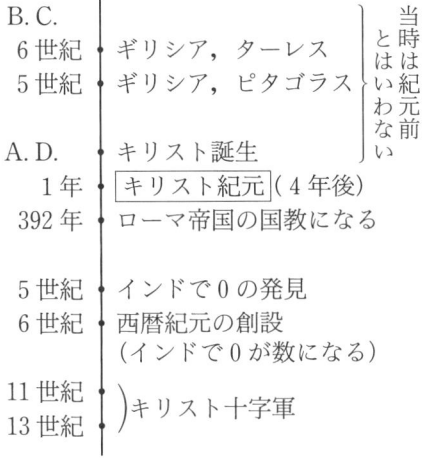

```
B.C.
 6世紀 ●─ ギリシア，ターレス      ┐ 当
 5世紀 ●─ ギリシア，ピタゴラス    │ 時
                                  │ は
A.D.   ●─ キリスト誕生            │ 紀
                                  │ 元
  1年   キリスト紀元（4年後）    ┘ 前
392年    ローマ帝国の国教になる    とはいわない

 5世紀 ●─ インドで0の発見
 6世紀 ●─ 西暦紀元の創設
          （インドで0が数になる）

11世紀 ┐
      ├ キリスト十字軍
13世紀 ┘
```

（注）"紀元"は「時代のものさし」で，西暦の他いろいろある。

（右側の暦の図：曹洞宗家庭暦　平成十年　戊寅　皇紀二六五八年　仏紀二五六四年　西紀一九九八年／2001年までに選択制／2001年から小型車）

2　21世紀は紀元何年からか？

　道　志洋博士は，最近人々の話題になっている「21世紀はいつから」に，

　「人間は，"本能的に" 0というものへ不信感というか拒絶感があるのではないかと思っている。虚数なんかと同じようにサ。

　現在では生まれた幼児を"0歳児"というが，何か不自然だろう。

　戦前は満年齢ではなく数え年制だったから，オギャーですぐ1歳だ。そこに小さな人間が存在するのに，"無い"ものを表す0歳とはヒドイいい方と思わないか。0についての心理的なものの影響は大きい。

　サテ，問題の21世紀だが，上の西暦紀元の誕生から見てもわかるように，紀元0年がないことで，"紀元2001年から21世紀"，ということになる。

　参考までに，日本の皇紀，仏教の仏紀（右上表）などみな1年から始まっている。インドで0が数になる以前だったこともあろう。

　余談だが，私は無神論者だ。ただ先祖の墓が宗参寺にある」と。

45

4 出発点の0表示

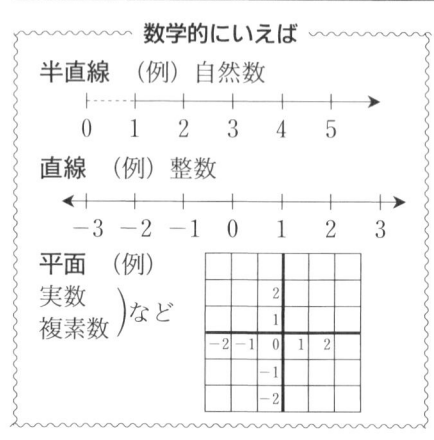

数学的にいえば

半直線　（例）自然数

$0\ 1\ 2\ 3\ 4\ 5$

直線　（例）整数

$-3\ -2\ -1\ 0\ 1\ 2\ 3$

平面　（例）実数・複素数　など

JR東京駅のホームにある0

東海道本線（ホームの中央）

中央線（ホームの中央）

（参考）

山手線（品川駅）2番線ホーム

1　鉄道や道路の出発点

「距離で料金を割り出したり，かかる時間を計算したりしている鉄道の場合では，当然，出発点（始点）は明確なはずだね。

サァー，それがどんな風に示されているか知っているかい。」

道　志洋博士の調査本能からくる得意の話が始まった。

「どうしても知りたくて調べ回ったよ。1週間位かけてね。

日本の幹線，東海道本線の出発点は上の写真のように数字0（銅製，50cmぐらい）のものが建てられてある。立派で堂々とした表示だ。

また，JR東京駅の中央線，ちゃんと0（銅製）の数字が置いてある。

ただ不思議なことに，ホームの端ではなく中央附近で，両方同一直線上にある。ナゼか？　この謎はあなたに考えてもらおう。

さて，環状線の山手線はどうなっていると思うかい。

始発駅は品川で，一番線ホームの中ほどに，小さい白い棒（上写真）が立っている。イヤー，調べることはいろいろ発見がありおもしろい。」

第2章　7つの"街角の0"の不思議な姿

平面座標，円座標の0　大都市が"ヘソ"をもつ謎！

パリのヘソ，ノートルダム寺院（フランス）

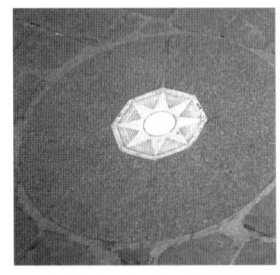

ブリュッセルのヘソ，市庁舎の中庭（ベルギー）

京都のヘソ，六角堂（日本）

2　都市のヘソも0地点

　人間は集団ができるとリーダーが必要とされる。国家があれば，皇帝，大統領，首相など，政党に党首，宗教に教主，……社会にはいろいろな形の中心的人物が存在している。

　同じように，都市ができればその中心——通称"ヘソ"という——が決められているのがふつうのようである。

　道　志洋博士は，数学ルーツ探訪で海外旅行して各国の大都市に行ったとき，必ずそこの"ヘソ探し"をする癖があり，ヘソの印がどのようなものかを発見して写真にとっている。上のものはその一部である。

　これは，ある意味で平面座標，円座標の「座標の原点」といえよう。

　鉄道や道路の始点は直線上のものであるが，都市のヘソは平面上のもので，四方八方の始点なのである。

　「東京から〇km」という言い方がよくされるが，"東京も広うゴザンス"で，東京を代表する"ヘソ"地点が明確でないとアイマイになる。

5　水位計の境0m

棒型の水位計

住民、高潮におびえる

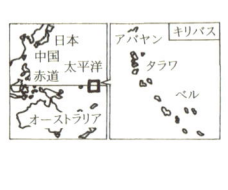

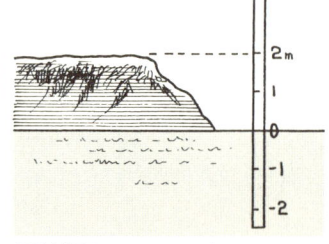

神田川（花見橋附近）の水位計　　平均標高1.5mの島

温暖化で沈む？南の島　赤道直下のキリバス共和国

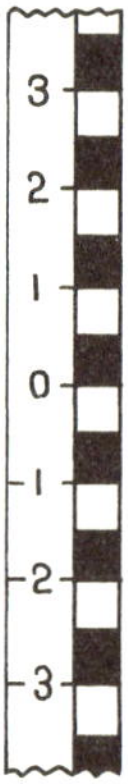

水位計

1　上下の基準の0

　街中に半直線や直線の0，平面上の0があるなら，上下の基準の0もあるだろう，と考えるのが"数学センス"である。つまり，横の広がりを見たなら，縦の広がりへも発展させるという類推である。

　道　志洋博士は，またまた自分の身近な例をあげて，こう言った。

　「私の住む中野区では，

　。哲学堂公園の中を妙正寺川　。二子山部屋の側を神田川

が流れている。ところが，この2つとも"アバレ竜"で，少し大きな台風で大雨が降り続けると，水があふれ出し，周囲の住宅に侵水し騒ぎとなる。（最近改修大工事がおこなわれている。）

　そのため，川には警戒水位，危険水位などを知るために，水位計があるが，水位計という"ものさし"には上下の境の0があるものだ。

　話が発展するが，地球温暖化で海面が上がって南方の小さな島が水没しそうだ，という。この島の水位計は命に関わっている。」

第2章　7つの"街角の0"の不思議な姿

階段型の水位計

ガンジス河ベナレスの沐浴場
——ガート——（インド）

ナイル河シェーネ（現アスワン）
エレファンティネ島の水位計（エジプト）

2　階段式の水位計もある

　話が，水害から生命の危機へと進み深刻になってきた，と思ったら急に道　志洋博士の表情がやわらいだ。

　「水位計について調べているうちに，謎を発見したんだョ。

　世界四大文化発祥の中の2民族，インドとエジプトに共通点がある。

　上の写真のように，ガンジス河のベナレスには，70ほどのガートがあり，多くの老若男女のヒンドゥー教徒が沐浴していたが，大規模のガートは数十段の階段からできていて，これは同時に河の水量を示す水位計になっているという。"昨年の雨期には最高ここまで水面がきた"とガイドが説明していたのをおぼえている。

　エジプトでも，大洪水の予知用に，ナイル河のアスワンに絵のような階段型の水位計（ナイロ・メーター）がある。偶然の一致か？　謎である。」

　われわれが日々用いる"階段"に，こうした有用性があったのである。
（注）東京湾には，霊岸島の検潮所（標高0m）に水位計がある。

6 地球の経線 0°

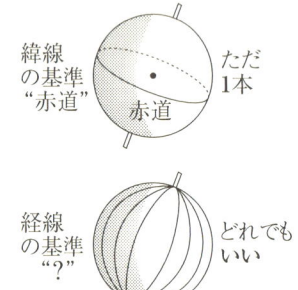

グリニッジ天文台
展示室入口の経線 0° の白線

1 球面の長短

　西欧 15 〜 17 世紀の大航海時代によって，3 〜 13 世紀のいわゆるキリスト教，中世の暗黒時代の"地球は平盤"の知識がいっぺんにくずれて球形が実感された。

　大航海によって世界各地，各国との通商や植民地化などから，いろいろなものについて世界統一の必要が起こってきたのである。その結果，

　1875 年　フランス主導の世界 16 ヵ国による万国度量衡同盟によって
　　　　　『メートル法』を制定
　1884 年　世界 25 ヵ国参加による万国子午線会議の投票結果 22：3 で，
　　　　　イギリス，ロンドン郊外のグリニッジ天文台の位置が経線
　　　　　0° と決定。「時間・時刻」を統一。
　1999 年　西欧(EU)11 ヵ国参加で通貨統一が実施される。

　さて，地球では球形ながら，回転軸との関係で緯線 0° は物理的に決まるが，経線 0° は，実はどこであってもよかった。

第2章　7つの"街角の0"の不思議な姿

標準時と日付変更線

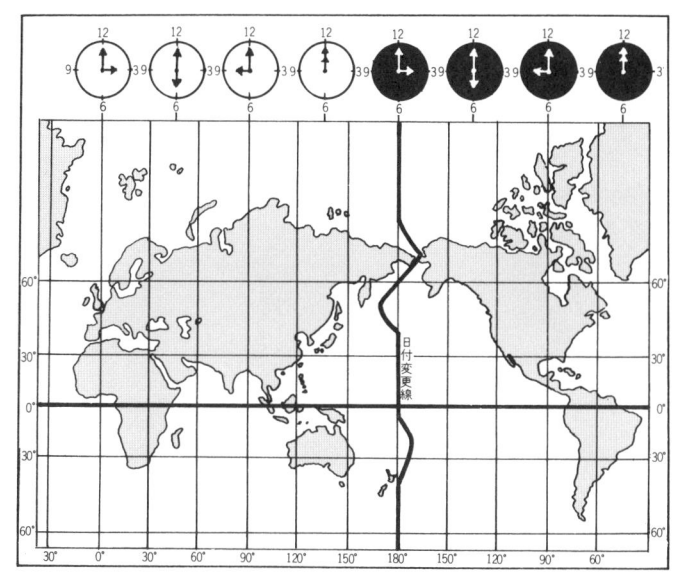

○ 経線0°は白線
○ 緯線0°は赤線ではなく陸地は緑線
○ 日付変更線は何色？

２　もし地球が中世的平盤なら

　グリニッジ天文台を見学した道　志洋博士は，「経線0°の線」が実際に白線で天文台の敷地内に長く引かれてあるのに感激した，という。

　そのとき，立候補したが投票で破れたフランスのパリ国際時報局を訪れたが，正門前から数百メートル離れた宮殿までの１本道が，「経線0°を予定したもの」とガイドに聞かされフランスの無念を想像した。

　「赤道」は，太平洋の海の上に赤線で描いてあるわけではないが，アフリカのある場所には緑線で示されていると，TVで紹介されていた。

　話は一転し，地球が，中世の西欧で考えていたような平盤であったら，世界中が，つねに同時刻なので，"時差"というものを考える必要がなくその点便利であろう。

　これは日本国内の生活を考えてみればただちにわかる。

　この場合でも「時間・時刻」のための経線0°は必要ないが，「距離・面積」のための基準0はなくてはならない。

7　"数0"のもつ働き

0についての四則（$a \neq 0$，実数）

$0+0$	$a+0$	$0+a$	$0+\infty$
$0-0$	$a-0$	$0-a$	$0-\infty$
0×0	$a\times 0$	$0\times a$	$0\times\infty$
$0\div 0$	$a\div 0$	$0\div a$	$0\div\infty$

無限小の0
無限大の∞
似ているが，∞は
数ではないゾー

（謎）$0+0$ や $0-0$ は無いもの同士の加減だから0。
　　　$0\div 0$ は $3\div 3=1$，$5\div 5=1$ と同じで1だろう？
　　　$a\div 0$ や $0\div a$ の答はどうなるの？

1　「無いものの印」から"数"になるまで

まず，"数とは何か"を道　志洋博士に聞いてみよう。

「印の0と数の0とをハッキリさせたい。

そこで小学1年生のときから学んできた数の構成を想い出してみよう。数（分数，負の数など）に認知されるには次の順でやってきている。

(1)　四則演算　　　(2)　計算法則の成立

加法　⎫
減法　⎬のきまり
乗法　⎪
除法　⎭

　加・乗の交換法則　$a\circ b = b\circ a$
　加・乗の結合法則　$(a\circ b)\circ c = a\circ(b\circ c)$
　分配法則　$a\circ(b\square c)= a\circ b\square a\circ c$
　　　　　　（注）。，□ は演算記号

この2つが『関所』。現代的にいえば，入国管理所ということだ。

これらをクリアしたとき，"数"としての市民権を得る，となるネ。」

そこで，まず上の0についての四則の答を求めなくてはならない。ときには，"決める"（約束する）ということも必要になるのである。

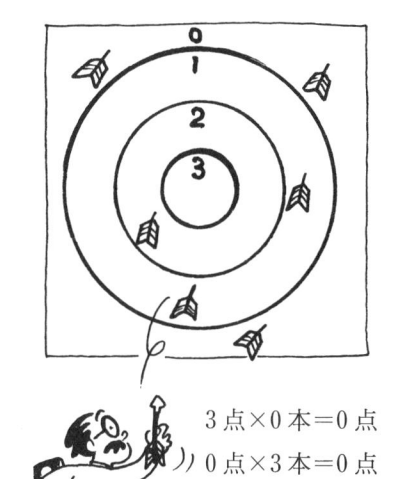

第2章　7つの"街角の0"の不思議な姿

『ダーツ』で考えよう

3点×0本＝0点
0点×3本＝0点
よって
$3×0＝0×3$

理論で考えよう

$3×3＝9$
$3×2＝6$
$3×1＝3$
$3×0＝0$

掛ける数を1減らすと答は3減る。

加法にもどして
$0×3$
$＝0＋0＋0$
$＝0$

よって
$3×0＝0×3$

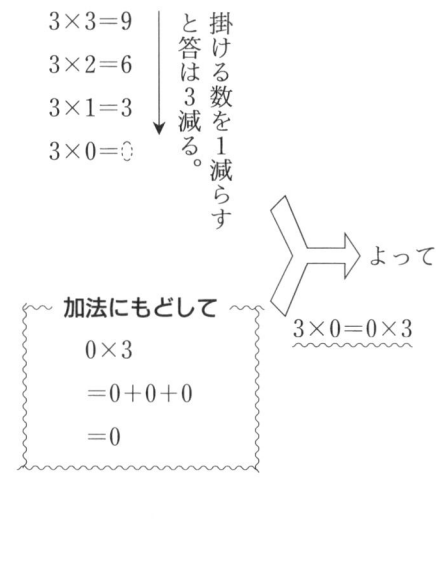

　前ページの上段の2つの疑問について、中学生に質問すると、いろいろな答が出る。まさに「どうしよう？」というものである。
　これについて道　志洋博士に正解をたずねた。
　「0は特別な数なので、日常常識ではなく数学常識で考えなくてはいけないんだョ。つまり、
　$0÷0$では、この答をxとおいて乗法にもどすと、$0x＝0$となり、xはなんでもいい（不定）、ということになる。1でもいいが1だけではない。5でも100でも200でもみんな答サ。謎だね。あとは、
　$a÷0＝x$　より　$0x＝a$でこの方程式を満たす答はなし（不能）
　$0÷a＝x$　より　$ax＝0$で、$x＝0$。気持ちよい答はこれだけだ。
　やっぱり、0は難しい数だろう。」
　算数・数学では、"当然"と考えられていた交換法則も、0について考えると、$3×0$と$0×3$が等しいことを説明しなくてはならないのである。

謎めいた数学の約束

「こう決める」とした例
- $a \times 0 = \underline{0}$
- $(-3) \times (-2)$
  $= \underline{+6}$
- $\sqrt{-1} = \underline{i}$
- $0! = \underline{1}$
- $a^0 = \underline{1} \ (a \neq 0)$
- 平行線は無限遠点で交わる（射影幾何学）
- $[0.2] = 0$
- $\log 1 = 0$
- $\sin 0° = 0$
- $\cos 90° = 0$
- $\lim_{x \to \infty} \dfrac{1}{x} = 0$
- $\int n dx = 0$
- $n' = 0$

など

〔参考〕 $0! = 1$ の理由

n 個のものの中から r 個をとる順列の総数は $_nP_r$

この n 個のものを円周上に並べたときの円順列の総数は

$$\dfrac{_nP_n}{n} = (n-1)!$$

ここで $n = 1$ のとき

$$\dfrac{_1P_1}{1} = (1-1)! = 0!$$

よって $0! = 1$ （と，約束する）

（注）$[a]$ はガウス記号といい，a を越えない最大の整数。

2 数学では約束が多い

$0 \div 0 = $ 不定，$a \div 0 = $ 不能，$0 \div a = 0$，と 0 についての除法は謎に満ちたものである。

数学界ではこれを「このように決める（約束する）」という。

これは数学独特の手法で，例外をつくらないための知恵であり，上のようにふつうの常識では納得できないようなものが多い。

分数同士の除法で，割る方の分数の分母，分子をひっくり返した分数として掛けるという方法も「こうするとうまくいく」からである。また，

$\dfrac{3}{4} \times \dfrac{5}{7} = \dfrac{3 \times 5}{4 \times 7}$ とするが $\dfrac{3}{4} + \dfrac{5}{7} = \dfrac{3+5}{4+7}$ ではない，も同様。

$\sqrt{3} \times \sqrt{5} = \sqrt{3 \times 5}$ とするが $\sqrt{3} + \sqrt{5} = \sqrt{3+5}$ ではない，など。

「数学は，法則，公式に従って考えていくので単純で簡単でよい」という声の一方，「新しい内容では，1歩1歩踏みしめて進まないと落とし穴に入ってしまう」という危険もあるのである。

"非常識がときに常識！"ここにも数学の謎がある。

第2章　7つの"街角の0"の不思議な姿

2000年の数楽オリンピック

$2 \times 0 + 0 + 0 = 0$
$2 \times 0 + 0! + 0 = 1$
$2 \times 0! + 0 + 0 = 2$
$2 + 0! + 0 + 0 = 3$
$2 + 0! + 0! + 0 = 4$
$2 + 0! + 0! + 0! = 5$
$2 \times (0! + 0! + 0!) = 6$
$\Sigma(2 + 0!) + 0! + 0 = 7$
$\Sigma(2 + 0!) + 0! + 0! = 8$
$\Sigma(2 + 0! + 0!) - 0! = 9$
$\Sigma(2 + 0! + 0!) + 0 = 10$
(注) $\Sigma(2 + 0! + 0!) = \Sigma 4 = 10$

記号の利用
$0! = 1$
$\Sigma 3 = 1 + 2 + 3 = 6$
$(0! + 0! + 0!)! = 3!$
$= 3 \times 2 \times 1 = 6$

どうだ!!10までできるとは——。予想もしなかっただろう。20までを，あなたにまかせるよ。

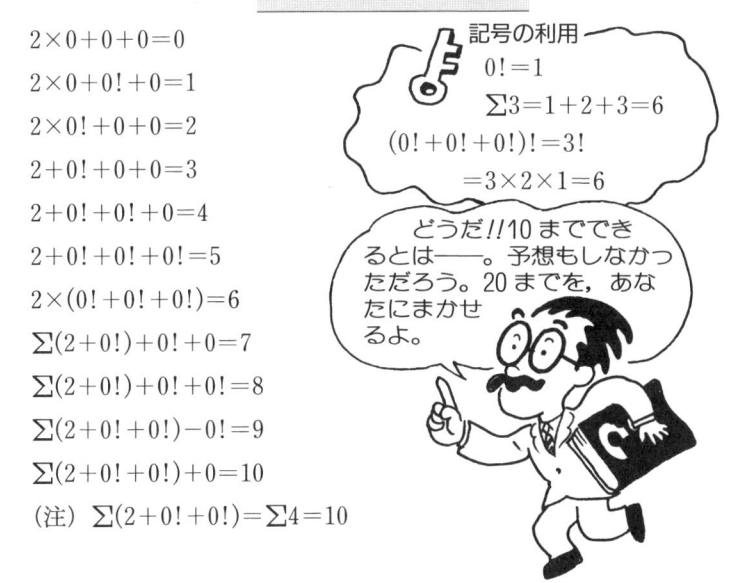

本書の「はじめに」（2ページ）で紹介したように，人間は数字や数について特別の興味をもっている。

　小町算（こまちざん）　1〜9の数字の並びをそのままにし，数の前や数の間に演算記号を入れて100にするパズル

　four four's　4を4つ使い，数の前や数の間に演算記号を入れて数をつくるパズル。仲間にfour nine'sがある。

などの仲間に，数楽オリンピックがある。

この名称は，道　志洋博士が日本でオリンピックがあった1964年，たまたま『夏のテレビ・クラブ』（NHK）に出演していて紹介した自作もの。西暦紀元は毎年変わるので，いつも問題が新鮮なのがよい。

ちょっと考えると，2000年は0が多く，つくるのが不可能のようだが，0の不思議で上のように，0〜10がスラスラつくれる。（影の声）——「ズルイ方法。$0 \div 0 =$ 不定 なので，"$2 \times 0 + 0 \div 0$"＝（すべての数）サ。」

?謎¿ 「七曜」の誕生のいわれ

古代バビロニアでは，新月から数えて「7の倍数」7日，14日，21日，28日目を安息日とした。

ユダヤでは，第1日，第2日と数えて第7日を休む習慣がある。（これがキリスト教で採用され，西欧にひろがる。）

中国では，太陽，太陰に五惑星を加えて日々に配して七曜暦を作った。（日本へは奈良時代に伝えられる。）

ギリシアでは，天文学上の知識から，地球からの距離の遠い順を土星，木星，火星，太陽(日)，金星，水星，月と考え，当時盛んであった占星術と関係があった。

次に，曜日名（英語）の由来をたずねてみよう。

　日曜日（**Sunday**）　ラテン語のディエス・ソリス（太陽の日）から

　月曜日（**Monday**）　ラテン語のディエス・ルナエ（月の日）から

　火曜日（**Tuesday**）　ラテン語の軍神マルス（惑星名として火星）

　水曜日（**Wednesday**）　ラテン語で足の速い伝令の神メルクリウス（惑星名として水星）

　木曜日（**Thursday**）　ラテン語でディエス・ヨーウィス。ローマ神話の主神ユーピテル（惑星名として木星）

　金曜日（**Friday**）　ラテン語でディエス・ウェネリス。愛と美の神。

　土曜日（**Saturday**）　ラテン語でディエス・サトゥルニ。農業の神。

7つの数学誕生のトポス(場)探訪

第 3 章

世界中の数ある『トポス』——都市や島——の中から,"この地"が数学上で重要であったことのナゾ

作図三大難問の1つ『デロスの問題』の島
——「デロス同盟」の繁栄地も,いま無人島——▼

1 世界最古の文化地 "ナカダ"
● エジプト ●

ナカダ（古名ヌブト，オンボス）

新石器時代（B.C. 5000～3000 年）の「ナカダ文化」

ナカダ1期時代 (アムラー)	ナカダ2期時代 (マアディ／ゲルゼー)	ナカダ3期時代
第1カタラクト地域。カルガ，オワシス，紅海，アスワン相互の交易関係を示す記録が残っている。(村落)→(町)→(州)	上エジプトと下エジプトの対立抗争の時期。ヒエラコンポリスの首長の墓 (B.C. 3500年) の壁画や良質の土器の出土あり。	オリエント諸地域の文化の影響が多く，各地域ごとに集団が結合し始め，ついには上・下ナイル文化2つが大きな集団となった。

1　先王朝時代の最大の遺跡

"ナカダ"はナイル河西岸のルクソールの北約 26 km の位置にある。

その誕生は紀元前 5000 年ごろと推定されるので，次の「世界四大文化」といわれている，

　　エジプト文化，メソポタミア文化，インダス文化，黄河文化

などより 2000 年も以前で，これは「世界最古の文化地」であったということができる。

"ナカダ"の古代名はヌブトで，これは『金の町』を意味することから，金製品をもつ想像以上に進んだ文化をもっていたのであろう。

「文化のあるところ必ず数学あり」で，この地の数学レベルに対して多くの興味がもたれる。

当時の住民は，対岸のコプトスへ渡り，東部砂漠の貴重な鉱物資源を開発したものと推測されて，「南の町」と呼ばれる地は，初期王朝時代まで大いに繁栄したといわれている。その証拠として，右図に示すように，

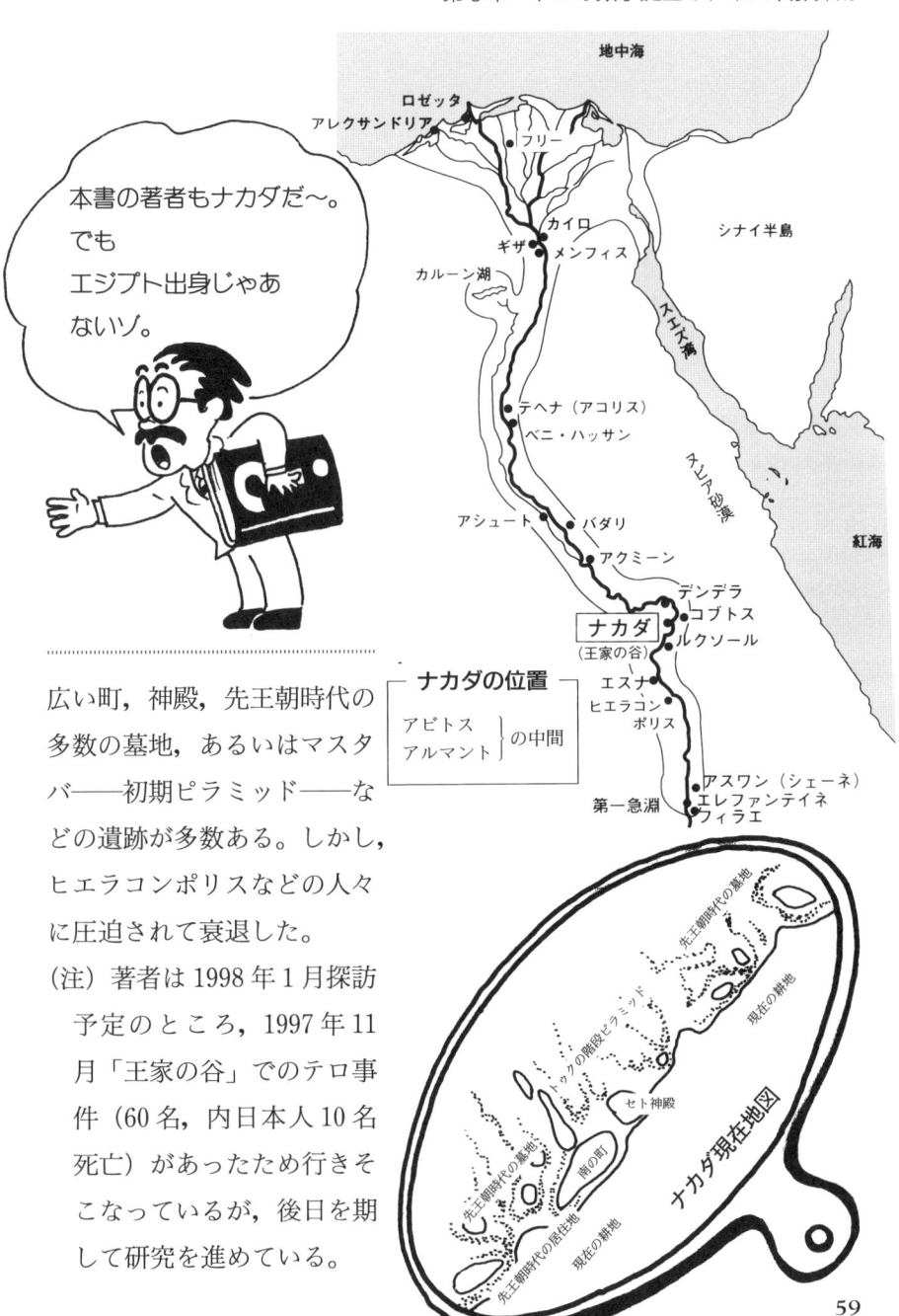

第3章　7つの数学誕生のトポス（場）探訪

本書の著者もナカダだ〜。
でも
エジプト出身じゃあ
ないゾ。

広い町，神殿，先王朝時代の多数の墓地，あるいはマスタバ——初期ピラミッド——などの遺跡が多数ある。しかし，ヒエラコンポリスなどの人々に圧迫されて衰退した。

（注）著者は1998年1月探訪予定のところ，1997年11月「王家の谷」でのテロ事件（60名，内日本人10名死亡）があったため行きそこなっているが，後日を期して研究を進めている。

ナカダの位置

アビドス ｝ の中間
アルマント

ナカダ現在地図

59

（参考）その後の古代エジプトの変遷

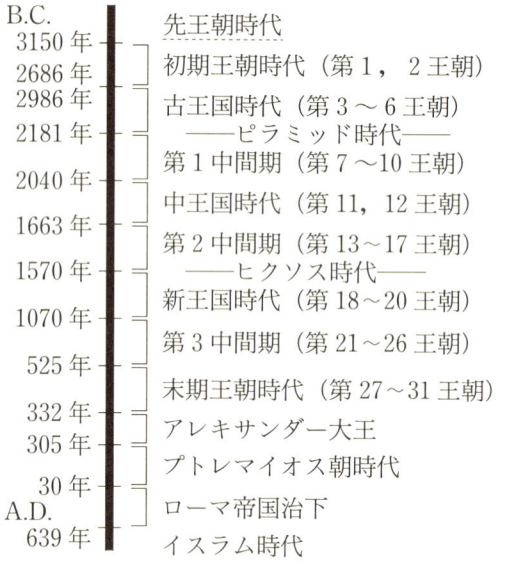

B.C.	
3150年	先王朝時代
2686年	初期王朝時代（第1，2王朝）
2986年	古王国時代（第3〜6王朝）
2181年	——ピラミッド時代——
2040年	第1中間期（第7〜10王朝）
1663年	中王国時代（第11，12王朝）
1570年	第2中間期（第13〜17王朝）
1070年	——ヒクソス時代——
	新王国時代（第18〜20王朝）
525年	第3中間期（第21〜26王朝）
332年	末期王朝時代（第27〜31王朝）
305年	アレキサンダー大王
30年	プトレマイオス朝時代
A.D.	ローマ帝国治下
639年	イスラム時代

オベリスク
——ヒエログリフ文字——

2　ナカダ文化とその後のエジプト

　ナイル河流域での農耕は，紀元前8000年ごろから始められたが，人々が集落をつくり，氾濫に備えてダムや堤，あるいは池などを設けた集団的な農耕をし，文化を築き出したのが，紀元前5000年ごろ誕生した「ナカダ文化」である。

　やがて各地に文化が生まれ，それらが上・下に集められて"上エジプト文化"はネケプ（現エル・カブ），"下エジプト文化"はブト（現テル・エル・ファリーン）を中心とした2大文化が成立，そして対立抗争があった。

　紀元前3000年ごろに，統一国家の初期王朝時代が始まり，メンフィスが首都と定められ，以後3000余年間30王朝が続いたのである。

　このエジプト文化の土台を築いたのがナカダ文化であり，エジプト独特の王の墓地からの副葬品や遺跡からの出土品，あるいは壁画などからそのレベルを示している。

　今後の発掘によって，さらに多くの発見があるものと想像されている。

第3章　7つの数学誕生のトポス(場)探訪

パピルスに描かれた絵
——エジプト土産品——

パピルス
——エジプト博物館前——

　古代エジプトの数学内容とレベルは世界最古の数学者『アーメス・パピルス』(B.C.17世紀，写字吏アーメス記録)であるが，ナカダ文化の数学レベルを示す記録はない。

　遺跡などから，次のように想像される。

　金製品　　——形，模様
　墓の壁画——図形，模様
　ダム，堤——幾何設計図
　水位，天文——計算や初歩統計
　収穫関係——量単位，長さ，面積など
　税　　　　——比率
　墓地造り——設計，計量関係

と，相応の数学の能力があったであろう。

都と宗教と塔

太陽神教	ピラミッド
(エジプト / マヤ)	オベリスク
イスラム教	ミナレット
キリスト教	尖塔(せんとう)
仏教	ストッパー
［ミャンマー	パゴダ
中国	大雁塔
日本］	五重塔

(注) ピラミッドは墓というより，"都市の象徴"という見方がある。

2 バビロニアの首都 "バビロン"
● イラク ●

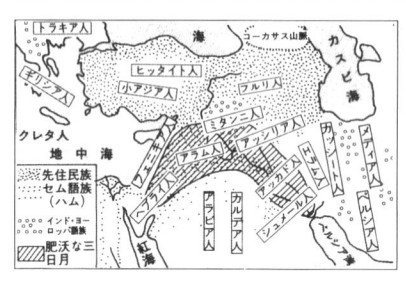

紀元前 20 世紀ごろのオリエント民族

統治民族・国と首都

1　シュメール
2　バビロニア（バビロン）
3　アッシリア（ニムルド）
4　新バビロニア（バビロン）
5　ペルシア
6　サラセン――アラビア――（バグダッド）
7　モンゴル――蒙古――
8　トルコ（イスタンブール）
9　イラク（バグダッド）

1　メソポタミアからクレセント

　世界四大文化の1つ"メソポタミア"は，ペルシア湾へ流れ込む2大河チグリス，ユーフラテスの間にはさまれた肥沃な土地の名である。

　一方，この地を含めた"クレセント"とは，「肥沃な三日月地帯」（*Fertile Cresent*）の意味である。

　上の図からわかるように，太古から周辺民族がこの地への侵略を目指し，権力戦争の後，統治民族・国が次々と変わるという地域であった。

　豊かな土地であったための悲劇といえよう。

　道　志洋博士は，ふだん毒舌家であるが，実は内心感性豊かで，たとえば「中学時代，歴史書の最初のページにあったチグリス，ユーフラテスの名が長く記憶の底にあり，50年後に探訪することができた感動は大。メソポタミア，クレセントの音の響きも心を動かすネ」と。

　また，世界の地名の中に，自分を呼んでいるところが数々あるという。

　この政権交替の激しいメソポタミアは，現在のイラクとなっている。1990年道　志洋博士は探訪し，8月2日イラクのクウェート侵攻のと

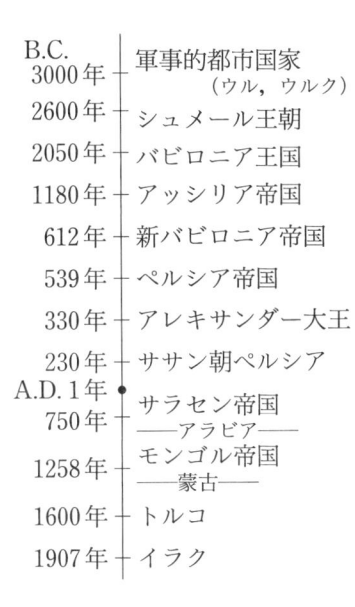

第3章　7つの数学誕生のトポス(場)探訪

B.C. 3000年	軍事的都市国家（ウル，ウルク）
2600年	シュメール王朝
2050年	バビロニア王国
1180年	アッシリア帝国
612年	新バビロニア帝国
539年	ペルシア帝国
330年	アレキサンダー大王
230年	ササン朝ペルシア
A.D. 1年	サラセン帝国
750年	――アラビア――
1258年	モンゴル帝国 ――蒙古――
1600年	トルコ
1907年	イラク

——印は著者が探訪したところ

現代のイラクと遺跡

サマラのスパイラルミナレット(53m)

ばっちりで"人質"になるという貴重な体験をした。

　幸いビザがあったので1週間旅することができた。

　それだけに，イラクのことになると急に話に熱が入るのである。

　「"イラク"といえば，ね。君は何を連想する？

　『ハムラビ法典』(B.C.17世紀)，バベルの塔，空中庭園(B.C.6世紀)，バビロン幽囚（ゆうしゅう）(B.C.586年)，『千一夜物語』(16世紀)

などのことが頭に浮かぶだろう。

　フセイン大統領が嫌いでも，この地へ行ってみよう，という人は多い。

　上の地図からわかるように，有名遺跡(∴)がほうぼうにあり，復元されているところもある。その中でもバビロンは絶品さ。」

〔参考〕ノアの方舟（はこぶね）やアダムとイブのリンゴの木がある遺跡は，軍事基地のため見学できなかった。この地名は，ナント『クルナ』であった。

　エジプトの"ナカダ"近くにも同名の地がある。墓盗人（はかぬすびと）の子孫が住んでいるという。

復元されたバビロンの街

イシュタル門——バビロン——

イラクの街

2　神の門をもつバビロン

　道　志洋博士は写真を見せながら，なつかしそうに言葉を続けた。

　「ツアーバスがバビロンの入口の有名なイシュタル門の前に止まり，われわれは下車したが，その暑さは，ナント 50 ℃ というものすごさ。しかし，カラッとした空気で暑いというより光の矢が肌にさすという感じだった。

　この門は本物はドイツへもっていかれて復元品だが，立派なものだったネ。門の中も昔のままを復元し，美しいレンガを積んだ『行列道路』や模様入りの城壁など素晴らしい。

　バビロンは旧約聖書で『バベル』——神の門——の意味なんだよ。

　そしてバベルはヘブライ語，バビロンはギリシア，ラテン語名。

　バビロニアの文化は，先代のシュメール文化を受け継ぎ発展させたもので，日食，月食も知っていたほど天文学が進んでいた。

　これは同時に数学のレベルも高かったことを意味している。それをまとめると次のようだよ。」

第3章　7つの数学誕生のトポス(場)探訪

楔形(くさび)数字

1　2　3　4　5
▽　▽▽　▽▽▽　▽▽▽▽　▽▽▽▽▽　…

10　11　12　20
◁　◁▽　◁▽▽　……　◁◁　…

100　▽▷
1000　◁▽
0　▽▽

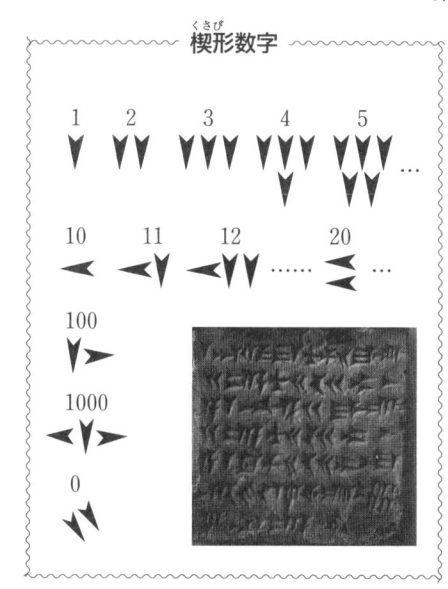

バビロニアの math

- 楔形数字
- 10進法と60進法（時間，角度）
- 1年を360日とする
- 初等図形（三角形，四角形，……）
- 平面図
- 円周率3
- 3：4：5による直角づくり
- 直角の三等分
- 立体の体積
- 平方数表
- 数列
- 平方根
- 簡単な方程式

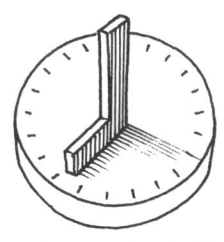

グノモン（日時計）

　"いまから4000年もの昔の人間は，どんなことを考えていたのだろう？"誰でも一度や二度，こんなことを想像したことと思う。

　現在のように，科学文明の進んだ社会で生活していると，大変未開社会で，考えることもきわめて素朴であろうと考えてしまう。

　しかし，"知性のものさし"である数学のレベルは，上に示すようであり，『バビロニア数学』は相当なものであった。

　4000年前にこれほどの数学——1つの"謎"を感じるであろう。

　ところがシュメール王国から新バビロニア帝国までは2000年間もあり，「学問300年完成説」（道博士）から考えると，高度な数学まで発展することは，それほど不思議なものではない，といえよう。

　後世数学の基礎が，この時期に築かれていたといえる。

〔参考〕バビロニアの60進分数の分母60を10進法の
　　　 10にし小数を誕生させた。(16世紀，ステヴィン)

$2°\ 8'\ 5''\ 4'''$
⇓（角度，温度）
2.854

3 エーゲ海「7つの美島」の伝説
● ギリシア ●

B.C.
3000年 ― クレタ時代
2000年 ― ミノア時代
　　　　　（クノッソス宮殿）
1400年 ― ミケーネ時代

700年 ― ギリシア時代
338年 ― ヘレニズム時代
146年 ― ローマ時代
A.D.
1456年 ― トルコ帝国時代
1822年 ― ギリシア独立

数学と関わる7つの島

1	サントリーニ島（ティラ島）	B.C.15世紀	アトランティス大陸文化
2	クレタ島	B.C.6世紀	エピメニデス
3	サモス島	B.C.5世紀	ピタゴラス
4	デロス島	B.C.4世紀	デロスの問題
5	コス島（キオス島）	B.C.4世紀	ヒポクラテス
6	ロードス島	A.D.12世紀	聖ヨハネ騎士団
7	ミコノス島		白い宝石, 月, 車

1 歴史ある島々の魅力

エーゲ海には数百ともいわれる大小の島が点在し，古くからエーゲ文化，クレタ文化，ミノア文化，ミキーネ文化，あるいはキクラデス文化など，華麗なギリシア文化以前に，多くの文化が栄えた地域である。

"神々の島"といわれるほど，各島には神話伝説が多い。そして数学にまつわる島も数々ある。

道　志洋博士は，この島々に"魅惑と謎"を感じて2度探訪し，上に示す7つの島をあげながら，次のように語るのである。

「私も世界の延べ30カ国余，探訪したが，エーゲ海，とりわけサントリーニ島とミコノス島の美しさは"この世の風景ではない"というほど感動的で素晴らしく再度行きたいし，人々にもすすめている。

紺碧の海に，断崖の岩肌，それに続く緑の木々，そして遠くからは山頂の雪のように白く見えるエキゾチックな白亜の家々。ドアや窓わくなどだけ青――白と青がギリシアの国旗――。単純統一美の極致だよ。」

毎朝，エーゲ海を見ながら，尺八を奏した想い出と共に述べた。

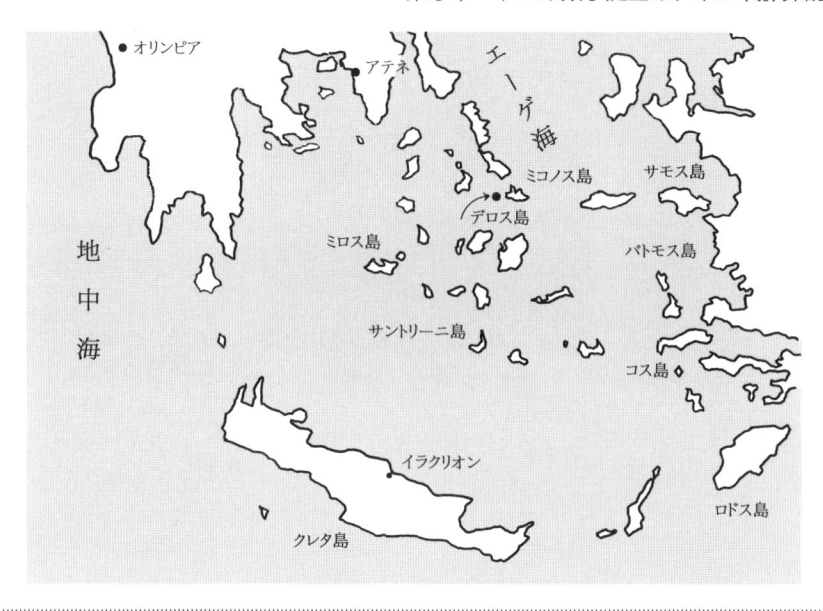

第3章　7つの数学誕生のトポス（場）探訪

　サントリーニ島は，幻のアトランティス大陸とつながりがあるといわれ，独特の文化をもっていたという伝説があるので数学文化の発見があるのを期待している。

　"神の罰で海深く沈められた"という言い伝えがあることによるのか，再び火山爆発があるのを恐れてか，純白の教会の多さに驚くのである。

　ミコノス島は，"エーゲ海に浮かぶ白い宝石"といわれる美島。

　風が強いため風車が多く，一層異国情緒をただよわせている。

　紀元前27〜12世紀に栄えたキクラデス文化──後にクレタ文化に吸収される──の中心地であったという。数学があるのでは……。

　この2島については，特にこんな数学がある，というものではないが，半分期待，半分観光で道　志洋博士の推せん島である。

　ともかく，島から島へは最新快速艇でも1〜3時間はかかるのに，3000年，4000年の大昔，どのようにして往来したのか，どんな文化だったのか，謎は深まるばかりである。

クレタ文化のクレタ島

クノッソス宮殿内の壁画　　宮殿の「迷宮」の模型

(1) クレタ人はみな嘘つきである
(2) 嘘つきの言った言葉は嘘だ
(3) つまり，クレタ人はみな嘘をつかない
(4) 嘘をつかない人が言った言葉は正しい
(5) よってクレタ人はみな嘘つきだ

迷宮もパラドクスだ

循環論法もパラドクスの1種だよ。

『新約聖書』にあるそうだ。「クレタ人の言うことは常に事実に反対である」と。

パラシュート

パラソル

2　クレタの詩人エピメニデスの一言

　紀元前6世紀，ギリシアの植民地ミレトス生まれの商人ターレスは後に，哲学者，数学者として活躍したが，"論証幾何学の開祖"として有名である。ちょうど同時代に，クレタ島に詩人，予言者のエピメニデスが登場し，「クレタ人はみな嘘つきである」を述べ，"詭弁学者の開祖"といわれた。

　クレタ島がいわばパラドクス発祥地ということになろう。

　サモス島には，紀元前6世紀に寓話のイソップ，紀元前5世紀に数学者ピタゴラスが生まれ活躍している。

　3辺の比が3：4：5の三角形の1角が90°になることはバビロニア数学（65ページ）で用いているが，これを一般の関係として論証したのがピタゴラスであり，それはヘラ神殿の敷石から閃いたといわれる。

　うれしさのあまり，牛の生贄（実は信仰上，小麦粉作り）を神に奉納したという伝説がある。オリーブとブドウ畑の美しい島である。

　ロードス島は，十字軍との関係もあり，後世数学に関わってくる。

第3章　7つの数学誕生のトポス(場)探訪

デロスの問題

正方形の2倍　　立方体の2倍

⇨ 類推

簡単!!　　できない？

"同盟の島"で繁栄のデロス島も
いまや無人島——アポロン神殿——

ヒポクラテスの三日月

― ピタゴラスの定理 ―
$A + B = C$

発展⇩

― ヒポクラテスの三日月 ―

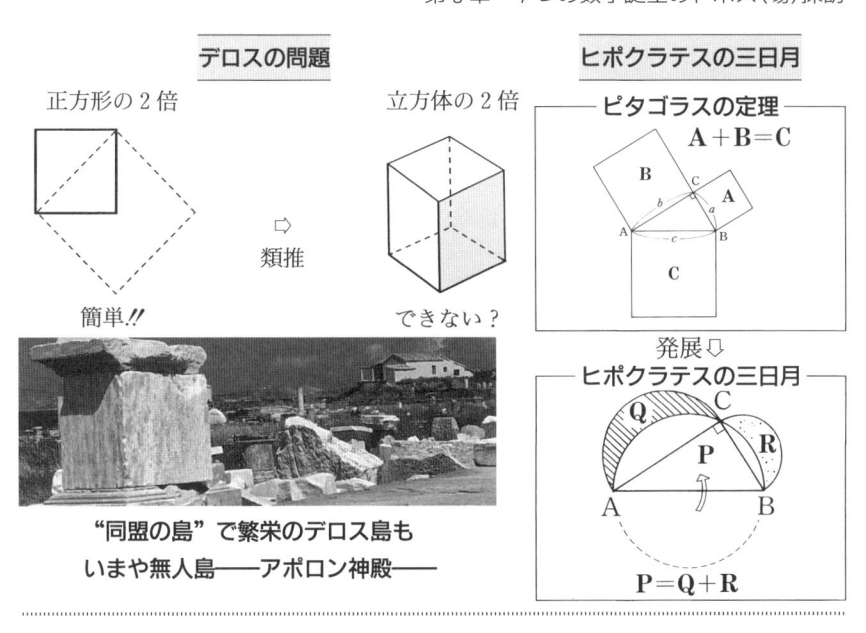

$P = Q + R$

　デロス島は，紀元前6世紀ごろからアテネ，スパルタなどのポリス（都市国家）を中心として盛期を迎えたが，近くに強力な大ペルシアがいておびやかされたため，協力して海上軍事同盟を結んだ。このとき本拠をデロス島においたことから『デロス同盟』と呼ばれたのである。

　これは70余年間続いたが，島には神殿，住居，マーケット，劇場などが建立され大繁栄した一方，人口増加によって紀元前426年に疫病が発生し，多くの死者が出たのである。そこで人々はアポロン神に伝染病がおさまるようにお願いしたところ，神は「この立方体の祭壇を2倍の立方体のものにすればおさまる」とお告げがあった。これが後世有名な『デロスの問題』で，次の2つで『作図の三大難問』と呼ばれる。

　　○　任意の角を三等分する　　○　円と面積の等しい正方形の作図

　コス島は『医学の父』ヒポクラテスが有名であるが，彼より10歳年長の同名の数学者がいた。（道博士は兄弟だという。）

　彼は上の右問を解くため，"ヒポクラテスの三日月"を創案した。

69

4 東西文化の接点"イスタンブール"
● トルコ ●

都市名の変遷

B.C. 700年	ビザンチウム（ギリシアの植民地）
A.D. 1年	
330年	コンスタンチノープル
395年	(東ローマ帝国の首都)
1453年	イスタンブール（オスマン・トルコの首都）
1923年	首都でなくなる（アンカラへ）

三大陸の交差点

1 東西文化の差と合流

東西文化の十字路，東西文化の交差点，東西文化の交流点

イスタンブールは，アジア，ヨーロッパ，そしてアフリカの三大陸の接点にあり，地球上，重要な位置にある。

道 志洋博士は，上の語感が好きな上，アジアの代数，ヨーロッパの幾何，という数学二本柱の合流点としても興味があるという。

東西文化の合流はアレキサンダー大王によるヘレニズム文化，中国の長安とローマとを結ぶシルクロード文化などが頭に浮かぶが，いずれの場合もこの地は"東西の要（かなめ）"として重要な存在であった。

道 志洋博士も近代数学の数々が誕生したきっかけとなったこの地へは，その根元を知るために2度も探訪している。

1回目は，イラク探訪（63ページ）からのトルコ巡りであったが，イラクで人質になったこともあり，イスタンブールは1日に縮小されてしまった。そこで2回目は，"この街8日間"のジックリ旅行にしたのである。

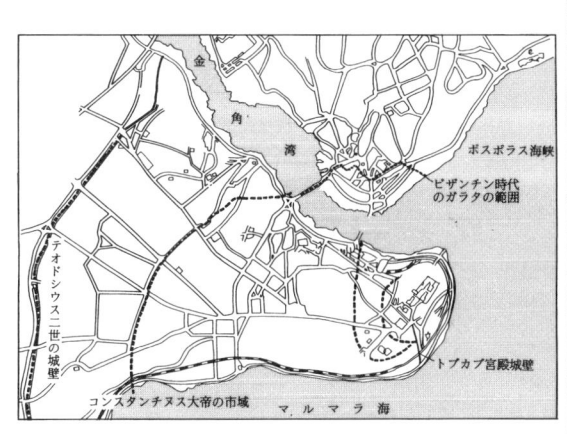

第 3 章　7 つの数学誕生のトポス(場)探訪

コンスタンチノープルの略図
（現イスタンブール）

難攻不落の"三層の城壁"

　コンスタンチノープルは，330 年ローマ皇帝のコンスタンチヌス大王が首都に定めてから，395 年ローマ帝国が東西に分裂後，1453 年オスマン・トルコに陥落されるまで約 1000 年間，東ローマ帝国の首都として繁栄した。以後，トルコ帝国の首都イスタンブールとなり第 1 次大戦まで続いたが，それほど素晴らしい街であったのである。

　世界中に，首都の数は多いが 1600 年間も首都であったところはきわめて稀である。その"謎"は何であろうか？

　これは上の略図からわかるように，堅固な城壁による。とりわけ，全長 7 km にわたり三層の城壁の『テオドシウス 2 世の城壁』は，当時百戦連勝，怒濤(どとう)の快進撃をした欧州の重装備軍隊や蒙古(もうこ)の大騎馬軍団などさえ，これを破ることができなかったからである。

　三方は海に囲まれ，一方は三層の城壁，コンスタンチノープルは"難攻不落の首都"であったのである。

　しかし，1453 年，オスマン・トルコによって陥落した。ナゼか？

戦争最高の武器，大砲のその後

軍事博物館前の巨大・大砲　　　　初期の弾丸

弾丸はどうとぶのカナ？

―― 大砲と数学 ――

的中向上 ―― 弾道研究
　　　　　　　　（微分学）
距離測定 ―― 三角法
防禦法 ―― 投影図

2　大砲の誕生で数々の数学が

　オスマン・トルコのメフメット2世は，初めて青銅製大砲を使い，三層の城壁を破壊して攻め入り，陥落させたのである。東ローマ帝国がすでに衰退期にあって内部の裏切り，また多数の船を山越えさせて背後から攻めたなど，種々の条件があったとされるが，大砲が決定的な勝利に導いたことは間違いなかった。

　これによって，以後の戦争は，大砲を主力とするものに変わったのである。

　その大砲を有効にするためには，

（1）弾道研究が必要で，その結果45°方向が遠くへ飛ぶこと，など

（2）敵陣までの距離測定が不可欠で，そのため三角法の研究が進む

　一方，大砲の被害を最少にするための城塞構築から画法幾何学（投影図は一部）が創案されるなど，新しい数学を生み出した。

　とりわけ，それまで"静"の数学だったものが，『関数』という"動"の数学への時代に歩んでいったことが，最大の功績といえよう。

第3章　7つの数学誕生のトポス(場)探訪

聖ヨハネ騎士団（マルタ騎士団）

12世紀　第1次十字軍遠征で，エルサレムを奪取したあと，巡礼者たちの護衛役として発足した団体である

1308年　この騎士団がロードス島を攻略し，ここを本拠地とする

﹇イスラム教に対するキリスト教の防衛の最先端のため，要塞建設では，当時，最高の職人による最新の技術によった。﹈

1480年　10万人のトルコ軍上陸後敗退

1521年　トルコ皇帝から騎士団長へ降伏勧告文

1522年　40倍の兵力に屈伏し開城する

大砲に屈しないロードス島の堅固な城壁
——著者を探せ！——

　トルコによるイスラム教(東方)の侵攻に対する，ヨーロッパのキリスト教(西方)の防波堤となったのが，ロードス島の聖ヨハネ騎士団であった。

　彼等の生活信条は，修道僧と同じ「清貧，服従，貞潔」で，"死"は神の元に行く，という信念に生きたという。

　その一方，籠城にも強くするため城砦の修復に力を入れた。

　コンスタンチノープルの城壁が，"高くて薄い形"で人には強いが大砲に弱いことの反省から，当時最高の城砦設計者ベニスのマルティネンゴに依頼し，高さは低いが厚みがあり，しかも前面の堀は深いもの，にしてトルコ軍の大砲と人海戦術とにそなえたのである。

　まさに，前ページで述べた，"矛と盾"の関係で，この大砲に対応する堅固な城壁，城塞づくりが，新しい幾何学を誕生させることになった。

　トルコ軍20万余との戦闘4ヵ月，ついに大帝に降伏したが，これによって地中海域はトルコが征服する。それによって西欧各国はやむなく通商を西へと向け，大航海時代が開幕することになった。

5　13世紀西湖の美都"杭州(こうしゅう)"
● 中国 ●

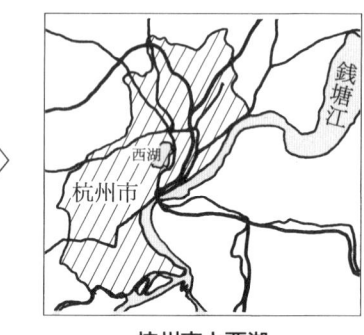

杭州市と西湖

1　数学発展の都の特徴

　数学誕生のトポス(場)は，偶然発生するということはきわめて稀で，ほとんどその地域の中心が，主要な場所である。

　すでに紹介してきた，ナカダ，バビロン，デロス，イスタンブールなどすべて文化の中心地であった。しかし，杭州はそれほど知名度はない。「世界一美しいといわれる"西湖"のある街」というのが現代の名である。

　700～800年前に，この地が数学黄金時代を築いたのが，ちょっと想像できない。その"謎"は？

　実は当時，南宋の首都であり，北方から侵攻してきた金によって南へと追われた各地の数学者が南宋の文化地"杭州"へと集まったことが，数学黄金時代を築くことになったのである。

　前に述べた旧ドイツ領ケーニヒスベルクは，カントが一生哲学生活をした思索の街であったように，"数学の都"はほとんどどこも，静かで美しく考えごとをしたくなるところであるといえよう。

　『杭州数学』に入る前に中国数学の話を道　志洋博士に聞いてみよう。

第3章　7つの数学誕生のトポス(場)探訪

周王朝（B.C.11世紀末）

六芸
(周礼)
- 礼――五礼
- 楽――六楽
- 射――五射
- 御――五馭
- 書――六書
- 数――**九数**　①数の体系
　　　　　　　②乗法九九
　　　　　　　③九章

(注)『数』は「計算の技芸」とされた

中国数学と算経十書

世紀		（九数）	〔参考〕
B.C.11	周		
3	秦		
2		周髀算経	
1	前漢	（算数書）	
		（算術）	
A.D.	新		シ
1		九章算術	ル
2	後漢	数術記遺	ク
		海島算経	ロ
	三国		ー
3	西晋	五曹算経	ド
		孫子算経	
4	東晋	夏候陽算経	
5	南北朝	張邱建算経	
6	隋	綴術★1	（19世紀まで）科挙制
7		五経算経	
	唐	緝古算経★2	
8		★1は難解のため，途中★	
9		2にかわる	
	五代		

前漢（B.C.2世紀）

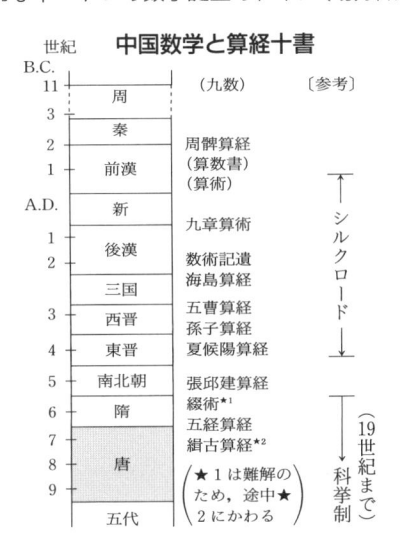

- 算――算数で計算（技）
- 筭――計算道具（算木）

「3000年前にさかのぼることになるね。

周時代の六芸の中の『数』に上のような内容があり，この中の"九章"が，"中国数学の背骨"というか，大黒柱になっていくのだ。

前漢では『算数』と呼ばれ，当時の副葬品の中に『算数書』という竹簡があった。しかし，紀元前1世紀には『算術』の名の図書がある。

そして後漢に上の九数の流れをもつ『九章算術』が紀元1世紀に登場するが，これはこの時代までの数学を九章にまとめた百科事典的なもの（136ページ参照）で，ここで芸が術に昇格している。

唐代（7世紀）になると，内容が分化され，広く『算学』（算数の学問）という。

- 算術――日常必須のレベルのもの
- 算法
  - 応用数学　（例）『珠算算法』（16世紀）
  - 理論数学　（例）『先天術』　（12世紀）

日本の『算数』の語は，2200年も昔の中国語だよ，ビックリだ。」

文化は2度，3度開花する

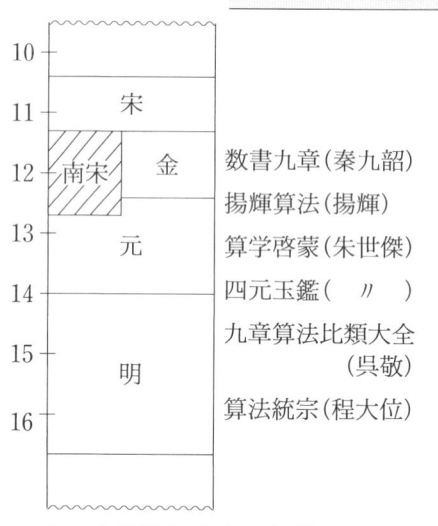

年代	王朝	書名（著者）
10	宋	
11		
12	南宋／金	数書九章（秦九韶）
		揚輝算法（揚輝）
13	元	算学啓蒙（朱世傑）
14		四元玉鑑（〃）
15	明	九章算法比類大全（呉敬）
16		算法統宗（程大位）

『算法統宗』（著者への贈呈本）
——日本に大きな影響を与えた本——

2 中国2000余年の伝統の開花

1776年13州独立宣言，というアメリカには，まだ独自の文化はない。

道 志洋博士はつねに，"文化・学問完成300年説"をとなえているが，アメリカはまだ200年余。文化建設中ということであろう。

これに対し，中国は5000年の伝統があり，記録のある最古の周礼の中の『九数』からでも3000年の歴史をもっている。

中国数学の"数学文化の開花期"は次の3回と考えられる。

　　第1期　紀元1世紀　『九章算術』——古代からの研究の集大成
　　第2期　7～10世紀　唐代の算経十書——重要数学図書の保存
　　第3期　12～13世紀　南宋の数学黄金時代——「新しい数学」の創案

これから考えられるように，杭州には南北多く数学者が競い合ったこともあり，新鮮な数学の誕生があるが，前述のように，全体としては（上の各図書からわかるように），ほとんどが研究の土台に『九数』，さらに『九章算術』の内容をおいているのである。

第3章　7つの数学誕生のトポス（場）探訪

世界の美景"西湖"

実験学校の少年少女と著者
——偶然7人の子——

杭州大学構内

　著者は，数学と美都に惹かれて，杭州へは3回探訪している。
　1回目は1981年で，学会主催の中国数学教育学会との交流——北京，天津，杭州，上海などの大学訪問と研究情報交換——
　2回目は1988年で，北京からの講演招待の帰途，南京などと共に杭州を回る
　3回目は1993年で，シルクロード探訪の帰りに杭州に寄る

　この間，ほぼ10年。途中「文化大革命」がある一方，現代化政策が進み，人々の一律な"白シャツに紺のズボン"姿が，やがて自由でハデな服装になる。自転車であふれていた街に自動車が多数走る。そして，ぶあいそうだった店の店員が品物をうるさく押し売りするように，……あらゆる面で街の様子が大きく変化していった。

　さて，黄金時代の杭州はどのような人が，どのような姿で街を歩き，生活していたのであろうか。700年前を想像すると楽しい。

⑥ 17世紀『和算』の"京都"
● 日本 ●

京都中心"洛中"附近地図 　　本能寺

1 『天下一割算指南所』の役割

　徳川初期時代（17世紀）までの日本の数学は，つねに大陸文化の伝来によるものであって，独自の創造はほとんどなかった。
　古墳時代（3世紀ごろ）大和朝廷。伝来文化，天文，暦，易など
　飛鳥時代（7世紀ごろ）遣隋使，大化改新
　奈良時代（8世紀ごろ）大宝律令の算学制度。中国の算経の本
　平安時代（9世紀以降）遣唐使。伝来文化，天文，暦法，税率など
　"京都"は9〜12世紀の平安朝の都市として栄え，日本の最初の文化を築いたといえるところである。これに続いて同じ300年間の江戸時代の初期の文化発祥地となった。
　豊臣秀吉の命を受けて中国へ行った毛利重能（しげよし）が，『算盤』を持参して帰国した。時代はすでに徳川の世となり，平和で商業活動が盛んになっていた。毛利重能はこの機をとらえ，京都の中央（現代の本能寺）に『天下一割算指南所』の看板を立て"算盤塾"を開設したのである。
（「二条京極」を手掛かりとして道　志洋博士は3年間調査した。）

第3章　7つの数学誕生のトポス(場)探訪

『和算』の出発！

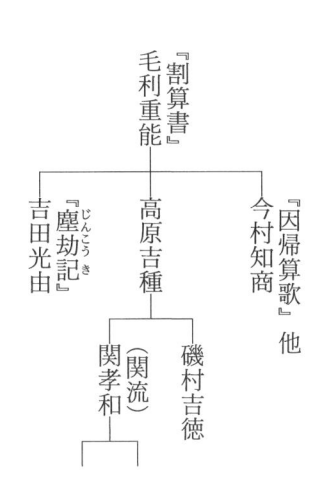

算盤塾の跡——中京区寺町通二条下——

```
              『割算書』
              毛利重能
         ┌───────┼───────┐
      吉田光由  高原吉種  今村知商
      『塵劫記』         『因帰算歌』他
              │
           磯村吉徳
              │
          (関流)
           関孝和
```

　この場所は前ページの地図からわかるように，西から円形状に
　　東西本願寺，二条城，京都御所，平安神宮，八坂神社，祇園，
　　　そして清水寺，三十三間堂——この地帯を"洛中"という——
と，名所と商業地域の円の中心が塾の所在地で，この地の利と社会の必要とから，常時200～300人の門生がここで算盤を学んだという。

　毛利重能は，算盤の使い方である『割算書』(1622年)を著作しているが，研究者というより教育者タイプで多数の優秀な数学者を輩出している。

　その中で，上の3人が高弟といわれているが，後の『和算』——『洋算』に対する名。当時は算法など。——の基礎を築いたのが，高原吉種である。

　"和算は世界の誇り"という道　志洋博士は，

　「数学5000年の歴史を見ると，単発的なものが多い中で，古代ギリシアの○○学派，古代中国の諸子百家などのように，1つの思想のもと，つぎつぎと弟子から弟子へと継承し，発展していくタイプをわが日本も『和算』で，流派としてやってのけたのだ。大いに誇りとしたい」と。

関孝和の墓（新宿区）

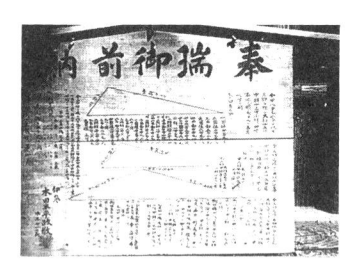

三大特徴
1. 社寺奉額（算額）
2. 遺題承継（好み）
3. 流派・免許制

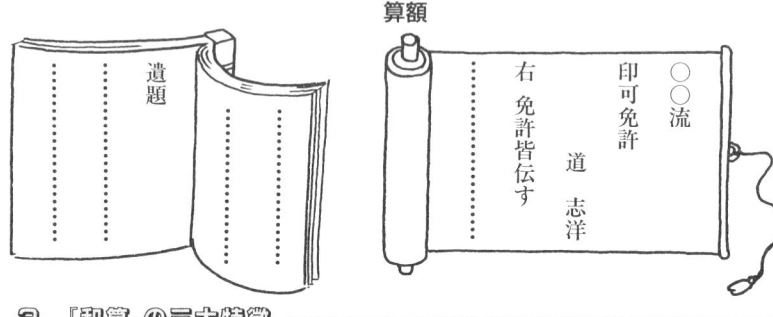

算額

遺題

○○流
印可免許
右 免許皆伝す
道 志洋

２ 『和算』の三大特徴

　江戸時代の寺子屋での算数教科書となり，『和算』への入門書となった吉田光由の名著『塵劫記』（1627年）は，京都の嵐山の奥，嵯峨野で書かれたとされているが，これは第6章で述べることにしたい。

　さて，やがて政治，経済の中心が江戸（東京）に移り，『和算』も一緒に移っていった。これについて再び道　志洋博士は言う。

　「徳川幕府の政策の中で"参勤交代"があり，これは諸大名の財政を圧迫したりした，ということであまり良いものとされていない。一方これによって全国の街道や町が開かれ，文化，物資が交流して有効だった，と評価する意見もある。

　数学の面から見ると，江戸詰の若侍が退屈しのぎに，和算を学び国元に帰ったとき，郷土の人々に和算を教えた，ということで全国的にひろまった，という功績があるのだ。

　と同時に，全国に和算の流派ができ，学力を競うようになった」と。

　参勤交代の思わぬ副産物といえよう。

第3章　7つの数学誕生のトポス(場)探訪

和算家と洋算家

〔和算家〕
殿様，武士，浪人，寺子屋教師
代官，庄屋，農民，商人など
(勘定方, 天文方, 測量方──
幕府役人──)

〔洋算家〕
数学者，軍人，航海士，天文学者，
測地学者など

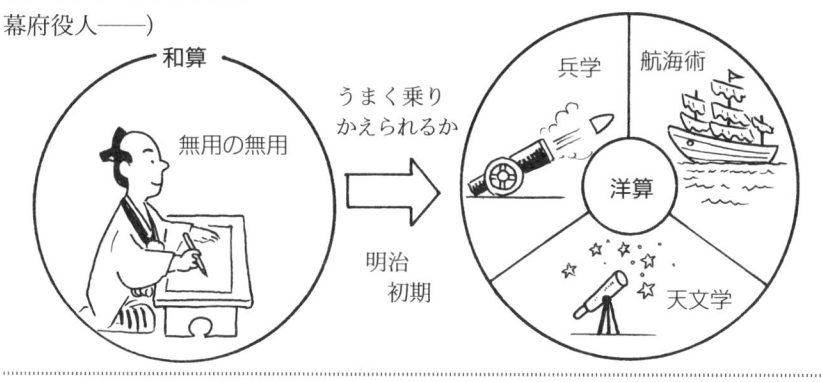

和算　無用の無用　うまく乗りかえられるか　明治初期　兵学　航海術　洋算　天文学

　中国の輸入数学書『算法統宗』を参考にして日本風に書いた『塵劫記』を出発点として，日本独得の数学『和算』が築き上げられていくのであるが，この推進力となったのが前ページの上段の三点である。
　社寺奉額(算額)──自分または自派が創案した問題を算額にまとめ，
　　　　　　　　　人の集まる神社，仏閣に奉納して挑戦を受ける。
　　　　　　　　　信仰算額，記念算額，宣伝算額などがある。
　遺題承継(好み)──自著の最後に，解答のない問題をのせ，読者に示
　　　　　　　　　す。解けた者は自著に解答と自作問題をのせる。
　流派・免許制　　──流派間の競争でお互いに力を上げ，流派内では免
　　　　　　　　　許制度で学力を高める。
　こうして高度の数学に達した『和算』は，明治初期，日本に輸入された実用的な西洋数学，つまり『洋算』も一挙に吸収することができた。
　また，数千もの寺子屋で算数を学んでいる成果から，一般庶民も西洋文化をあまり抵抗なくスラリ，と受け入れていったのである。

7　18〜20世紀の数学黄金三大学
● ドイツ，ロシア ●

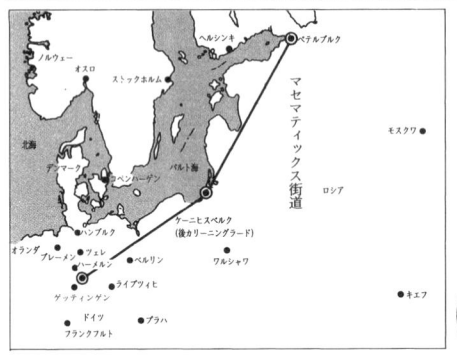

ロンドン／パリ／ローマ　｝世界の三都

京都／大阪／神戸　｝日本の三都

数学の三都はコレ→

ゲッティンゲン——ケーニヒスベルク——ペテルブルク

1　ドイツとロシアの学術交流

「未（いま）だ，列車も航空機も，自動車さえもない時代に，ドイツとロシアの3つの大学を，優秀な数学者たちが往来したのは，ナントも"謎"だ！」

道　志洋博士は，大学の授業でも現職教員の講演でも，よくこういうことを述べた。そのあと言葉を続けて，

「しかし両国には，意外に共通点がある。たとえば，

・17世紀以前——ドイツは三十年戦争で国勢が低下していた。ロシアはモンゴルの支配下にあった。

・18世紀の偉大な国王——ドイツはウィルヘルム1世。ロシアはピョートル大帝。さらに，ピョートル3世と結婚し，後に帝位についたエカテリナ2世(18世紀)はドイツ人であった。まさに親戚関係だネ。

・両国とも啓蒙専制君主，内政改革，文化奨励，西欧化政策そして後進国からの脱皮，領土的野心など政治的にも共通点があった。

以上の国情から考えると，学問面，文化面の交流があったことは明らかで，そのために長距離を，ものともしなかったのであろう。」

第3章　7つの数学誕生のトポス（場）探訪

<table>
<tr><th colspan="2">大学
時代</th><th>ゲッティンゲン</th><th>ケーニヒスベルク</th><th>ペテルブルク</th></tr>
<tr><td rowspan="8">18〜20世紀著名数学者の"三大学"往来</td><td>18世紀</td><td>ヤコブ・ベルヌーイ
ヨハン・ベルヌーイ</td><td>オイラー</td><td></td></tr>
<tr><td>19世紀</td><td>ガウス
ボヤイ（父）
メービウス
ヤコービ
ディリクレ
グラスマン</td><td>リンデマン</td><td>オストログラツキー
ブニアコフスキー
チェビシェフ
ストラノリュブスキー</td></tr>
<tr><td>20世紀初頭</td><td>リーマン
フルウィッツ
デデキント

クライン
フロベニウス
コワレフスカヤ(女)
ヒルベルト
ミンコフスキー
ネーター（女）</td><td>ヒルベルト</td><td>カントール
マルコフ
ミンコフスキー
ピノグラドフ</td></tr>
</table>

　「数学界で活躍し業績をあげた」という人を，どの程度として決めるか難しいのであるが，一応，わが国の数学辞典や数学者物語の中から拾い出し，各数学者の働いた大学を調べてまとめたのが上の表である。

　実際には，さらに多くの数学者たちが往来したと思われる。その理由は，18〜20世紀のゲッティンゲン大学は「当時の数学の全領域」にわたる研究がおこなわれ，まさに黄金時代であったからである。一方ペテルブルク大学もまた，19世紀以降，特に確率論の分野で"ペテルブルク学派"の中から優秀な数学者を輩出していた。

　この黄金期の2大学の中間地にあり，しかも哲学者カントが一生過ごした思索の都にあるケーニヒスベルク大学でも，数学研究の熱がたかまったのは当然のことであったろう。

　もし自分がこの時代にどちらかの大学教授であったとして考えると，往来の旅の大変さを別にしても，数学のほかドイツ語とロシア語の両方をマスターすることは努力のいることだ，と敬服してしまうのである。

83

数学界をリードした三大学

"童話"で知られたグリム兄弟も，ここで法律，言語学教授として活躍。兄弟の講義棟（矢印は2人のレリーフ）。

7つ橋渡り問題で有名な街。（第1章参照）ドイツ時代は街の島内にあった。

ペテルブルク大学の門

ペテルブルクは「西欧へ開かれた窓」であり，後にペトログラードレニングラードサンクト・ペテルブルクと名称が変わった。

ゲッティンゲン大学

ケーニヒスベルク大学
（現カリーニングラード大学）

2 三大学の研究内容

　三大学の中のリーダー的役割を果たしたゲッティンゲン大学にいた，ベルヌーイ兄弟，オイラーがスイス人，ボヤイ父子はハンガリー人，また女性のコワレフスカヤ，迫害によるミンコフスキーらはロシア人である。
　さて，簡単に，各大学の紹介をしよう。

ゲッティンゲン大学は，1737年イギリス王でハノーバ領主のジョージ2世が創立した。そこで創立者の名をとりゲオルグ・アウグスト大学とも呼ぶ。18世紀に大学を中心とする学術都市となり，19世紀末には数学・物理研究の世界的中心にまで発展した。

ケーニヒスベルク大学は，1255年建設された都市でバルト海に面し，14世紀にはハンザ同盟に加わって大発展した都に建設された。1945年にロシア領となる。ここもかつて大学都市として繁栄した。

ペテルブルク大学は，1725年ピョートル大帝が西欧への港として荒れた三角洲を埋め立てた地で，学術都市に建設した。

　三大学の黄金時代を築く発端をつくったオイラーは，当時の数学の全

第3章　7つの数学誕生のトポス（場）探訪

オイラーの多才（18ページ参照）

オイラー円（九点円）

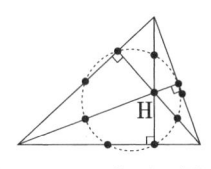

上の9つの点が，同一円周上にある。（161ページ）

オイラー線

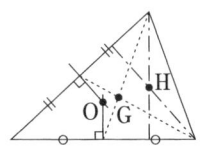

外心O・重心G・垂心Hが一直線上にある。

オイラーの示性数
（点）－（線）＋（面）
（27ページ参照）

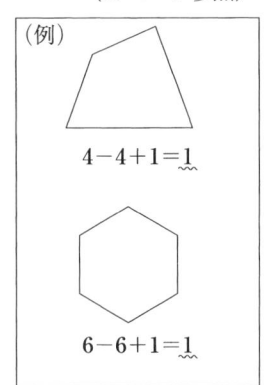

(例)

$4-4+1=\underline{1}$

$6-6+1=\underline{1}$

オイラーの方程式

四次方程式の解法の1つ。

オイラー図

動物／人間／犬・鳥・魚

領域にわたる研究をしただけでなく，多くの創造的研究もし，後世の学者に指針を与える功績を残している。因みに，その後の両国の学者たちの主研究内容を紹介してみよう。

　ヨハン・ベルヌーイ——積分学，ガウス——整数論，ボヤイ——非ユークリッド幾何，メービウス——トポロジー，ヤコビ——関数論，
　ディリクレ——級数論，グラスマン——四元数，リーマン——幾何学，
　デデキント——実数論，カントール——集合論，クライン——全領域，
　フロベニウス——群論，コワレフスカヤ——微分方程式，
　ヒルベルト——幾何学・基礎論，ミンコフスキー——四次元空間，
　ネーター——抽象代数学，などなど
　まさに，百花繚乱の時代であったといえよう。
　道　志洋博士は，航空機で三大学を探訪したが，一度，これを結ぶ"マセマティックス街道"——彼のつけた名称，存在するかは謎——を，自分の足で歩いてみたい，という。あなたも試みてはどうか？

？謎¿ 南仏で活躍の7人の大画家

　語感の良いプロバンス，コートダジュール，有名な歌に出てくるベネゼ橋，アルル，マルセーユ，……

　世界的に美しい場所に，世界的な画家が集まるのは当然としても，それがナント7人という"7の謎"がここにもある不思議。その7人を簡単に紹介しよう。

はね橋

1　セザンヌ（プロヴァンス）「自然は円柱，円錐，球で構成されている」
2　ルノアール（カーニュ，シュル）印象派。画面の論理的構成の工夫
3　ゴッホ（アルル）　　　　日本の浮世絵研究　「ひまわり」「はね橋」
4　ロートレック（アルビ）　名門家庭だが障害者。商業美術の開発者
5　マチス（ニース）　　　色による画面構成。装飾的表現「ダンス」
6　ピカソ（アンティーブ）キュービズム。「ゲルニカ」など
7　シャガール（ニース）　幻想的画風。絵画の叙情詩人と呼ばれる。

（注）・順序は生誕年順による。（　）は南仏の活躍地，地図上で●。

　　　・「ピカソの愛した7人の女性」の話も有名。

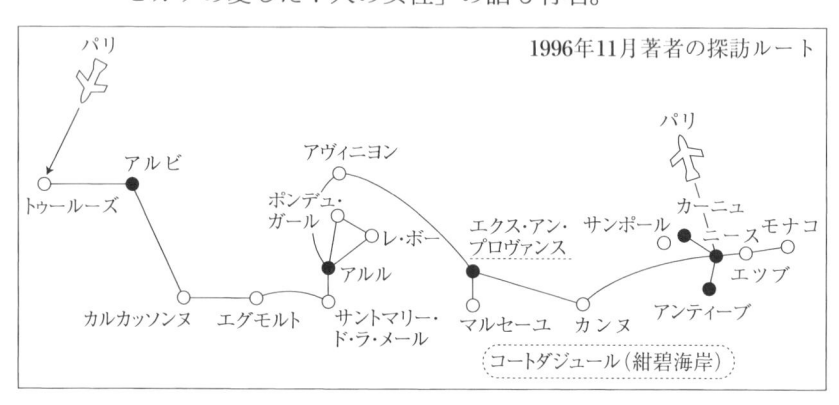

1996年11月著者の探訪ルート

7人の女流数学者の生い立ち 第4章

太古から，学問の門が閉ざされていた女性が，18〜19世紀に一気にこの世界に参入し，開花したこと。また，男女の性差，能力差のナゾ

教育学部「算数・数学科」学生の"仲田ゼミ"
――ある年，女子学生だけ7人――▼

1 理想女性に育てられたヒュパチア
● ギリシア ●

世界最古(?)の女流数学者

- ピタゴラス学派（B.C.5世紀）に28名の女性がいた。
- ピタゴラスの美しい妻テアノは元弟子であり，教師でもあった。
- ピタゴラスの2人の娘もまた，学派（教団）の中で活躍したという。
- プラトン学園（B.C.4世紀）にも女性が数学の研究をしていた。

数学者テオンの娘教育

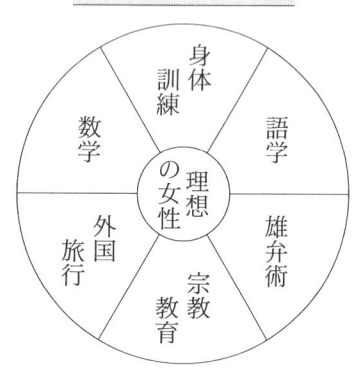

理想の女性：身体訓練／語学／雄弁術／宗教教育／外国旅行／数学

1　父はギリシア最後の数学者

　古代の東西，女性が学問，研究の世界に入ることは禁じられていた。

　18世紀の自由な社会をもったヨーロッパにおいてさえ，女性への大学の門は開かれていなく，まして「理屈っぽくなる数学の研究」をすることを認めない風潮が長く続いたのである。

　わずかに，数学を学ぶことができた女性は，数学者の娘か，貴族など生活レベルの高い娘に限られていた。

　しかし，古代ギリシアにおいては，上に述べたように，女性が数学を学ぶことにあまり社会的な制約がなかったようである。

　そのギリシアの末期，4世紀末に，数学者テオンが，娘をすぐれた数学者に育てあげた有名な物語があるので，それをまず紹介しよう。

　テオンはアレキサンドリア大学の著名な教授で，後に学長になったが，彼は娘を"完全な人間に育てる"ことを目指し，上に示すような将来，社会人として必要なあらゆる面の教育を施したのである。

第4章　7人の女流数学者の生い立ち

男女の性的差異

男性の傾向	女性の傾向
・遠い環境 ・構成的 ・抽象的事物に注意を向ける	・直接環境 ・既成的 ・具体的事物に注意を向ける
物事の動的方面に注目する	静的または完成した事物に気をうばわれる
事物関係に関心がある	事物そのものに関心がある

「女性は数学に向かない」というが——。
左の差異からは
$\begin{cases} 男子——関数，確率，\\ \qquad\qquad 統計など \\ 女子——計算，作図，\\ \qquad\qquad 証明など \end{cases}$
適しているのではないか。と，道　志洋博士は内容と適性を語っている。

（三好稔著『差異心理学』（金子書房刊）を参考に著者がまとめた）

2　才色兼備女性の最期哀れ

　娘ヒュパチアは身体訓練では，水泳，乗馬，登山，舟のこぎ方などをやり，外国旅行は10年以上。また，雄弁術として演説法，修辞学，正しく耳ざわりの良い発声法，催眠術的な暗示力などの訓練も受けた。

　成長して大学で数学と哲学とを教えるようになると，その美貌とすぐれた話術，講義内容とから，人気は高く教室は若い学生で一杯であったが，反面そのねたみもあり，不幸がおとずれてきた。

　キリスト教の狂信者たちが，"彼女の哲学は異端""キリスト神を冒瀆"と決めつけ，ある日，講義に向かう馬車から彼女を引きずり降ろし，髪をすべて引き抜き，なぶり殺しにしてしまった。残忍な物語である。

　生前，貴族や学者の結婚申し込みに対しヒュパチアは「私は真理と結婚しました」と答えたという。素晴らしい言葉ではないか。

　優秀な女流数学者が，一部の愚か者のため，立派な研究成果を残さないうちに命を絶たれてしまったことは，数学史上も残念なことであった。

2 貴族の自由娘エミリ
● フランス ●

エミリ・ド・ブルテーユ
(1706〜1749)

フランス最初の国立女学校

ルイ14世（太陽王，1638〜1715）のとき，『サンシル学院』が，王妃の1人マントノン夫人によって創設された。

これは貴族の娘の教育を目的としたものである。つまり"貴族の妻養成所"であった。

1　才女の奔放な多感。多情

エミリは，1706年12月パリで，宮廷儀典長ブルテーユ男爵という上流社会の家庭の子として生まれた。母は貴婦人の典型といわれ，彼女は厳しいしつけのもとに育てられたという。

エミリは幼少時から天才的であり，語学についてもラテン語，イタリア語，英語を早くマスターしたし，数学面でも秀で，9桁の数を9桁の数で割る計算を暗算でやってのけたりした。

19歳で34歳のシャトレ侯爵と結婚したが，彼は守備隊長で家をあけることが多かった。

彼女は侯爵夫人の特権を利用し，宮廷での社交生活も自由に振舞い，ときにサロンの上流婦人たちからひんしゅくを買った。それは

- 真剣に数学の研究をし，個人教師を雇った
- 明るく，軽快で，才人の評判良い男性を独占した

などにより，加えて，多くの男性とも関係をもったという。

第4章　7人の女流数学者の生い立ち

数学と物理の共通点

測量，天文，建築など
〔学者〕
　古代ギリシア時代
　　デモクリトス
　　アリストテレス
　　アルキメデス
　ルネサンス以後
　　レオナルド・ダ・ビンチ
　　ガリレオ・ガリレイ
　　ニュートン
　　デカルト

物理学

物体，物質の運動・熱・光・電気・磁気などの状態や相互作用から，自然界を支配する法則を客観的な観察と実験によって追求し，これを厳密な数学的形式で記述する学問　（『世界原色百科事典』小学館）

数学者で物理学者は多いヨ

❷　数学研究——賭事(かけごと)——食い意地

　彼女の最大の業績は，『物理学の設立』(1740年)であるが，これはイギリス学士院，フランス科学アカデミーの会員で，当時一流の数学者，天文学者ピエール・ルイ・ド・モーペルテュイの影響を受けたものである。
　これは，過去の物理学者の研究について，それらの歴史的背景を述べ，つぎに近代の科学者たちの新しい物質観を紹介したものという。「ニュートンは仮説を余りにも熱心に非難しすぎた。一方デカルトは直観主義を余りにも重視しすぎた」と彼女は指摘した。
　こうした彼女の生活は，数学の研究でほとんど睡眠をとらなかったり，賭事(かけごと)の常習者で賭に浸ったり，一晩中，飲み食い，ダンスで過ごす，などという極端に奔放なものであった，という。
　彼女は1749年9月，44歳の出産直後に突然死んだ。
　出産間ぎわまでニュートンの理論を書き，生まれた子は幾何学の"4つ折版本"の上に寝かされた，とある。天才的奇人ということか。

3 語学の天才少女マリア
● イタリア ●

語学の天才少女

5歳でフランス語
9歳でラテン語
ギリシア語
ヘブライ語
をマスターした。
(注)数学者の中に語学の天才者がまいる。

マリア・ガエタナ・アグネシ
(1718〜1799)

1 またも，わが娘が"父の夢"

マリアの父は，ボローニア大学数学教授で，彼女はミラノで豊かな教養ある家庭に生まれた。1718年5月のことである。

古代ギリシアのヒュパチア同様，両親が娘の教育に注意深い計画で育てたので，幼いころから天才児としての能力を見せていた，という。

彼女の家には，優秀な知識人たちの集まり場所としてつねに多くの人が出入りし，彼女はそのホステス役をつとめながら，研究会にも参加したり，話題や議論に入ることを父がすすめた。後に，これを『科学論』(1748年，自然科学と哲学についてのもの)にまとめて出版している。

一方，父が公開の席などに娘を連れ出すことに対して，内気ではにかみやのマリアはこれを嫌い，「修道院に入り，世間から離れて研究や奉仕活動をしたい」と望んだ。マリアは結婚せず，数学の勉強と弟妹の世話に時間を費やした。彼女が10年間かけて執筆した『解析学』（微分・積分学の本）は，学界にセンセーションを巻き起こした。

第4章　7人の女流数学者の生い立ち

幼少児の男女性的差異——自由画より——

男児の傾向	女児の傾向
・強いもの ・スピードのあるもの ・人気漫画の主人公や車，ロケット，スポーツなど	・人間と自然が中心（人間，太陽，大地，花，室，家，雲が出現する。） ・男児より絵のパターンが似ている
青，水色，黒など冷暗色を好む	赤，肌色，桃色，黄色など暖かく華やいだ配色
使うクレヨンは約8本	使うクレヨンは約10本
線や形に敏感	線より色で語ろうとする

(絵画教育の皆本二三江氏調査結果を参考に独自にまとめた)

男女の生まれながらの差異を，どう生かすか？

著者の孫の絵

男の子　　女の子

バス　　うさぎ

(同年齢時のもの)

❷　「アグネシの魔女」のいわれと生涯

　彼女の名著『解析学』を英訳したケンブリッジ大学数学教授ジョン・コルソンが"ヴェルシェラ"の語を魔女と誤訳したため，マリアの論じた曲線が「アグネシの魔女」と呼ばれるようになった。

　イタリアのアカデミーは，ボローニアの科学アカデミー会員に選んだ。また，ボローニア大学の数学の名誉教授にも任命されている。

　1762年，45歳のとき数学の研究をする意欲を失い，慈善事業など信仰深い生活に入った，という。66歳になると療養院に住み込み，病人，貧民などの奉仕をし，「病人と死の床の女たちへの慰めの天使」と尊敬されながら，81歳で永眠した。

　療養院の正面にある彼女の記念碑には，「数学上の常識は，イタリアの，および彼女の世紀の，栄光なり」と刻まれている，という。

　"天才"というのは，幼少児からその能力を発揮するものである。

4 音楽才能のキャロライン
● ドイツ ●

キャロライン・ハーシェル
(1750〜1848)

「キャロラインよ。あなたは美人でもないし家に財産もないから，ズーッと年をとって本当の値打ちが顔に，にじみ出るくらいになればともかく，それまでは適当な夫を見つけることはできないだろう」と父親が……。ヒドイネ。

1 歌姫が天文学者に

　ドイツのハノーバー親衛隊の軍楽隊員の父と，学問をするのに反対の母。1750年，この両親の元にハノーバーでキャロラインは生まれた。
　父はバイオリンを学ばせ，音楽の才能を伸ばすよう励ました。
　18歳のとき父が亡くなり自立することになるが，特別な技術もなく職につくことが困難であった。プロシア軍隊の奏者だった兄が退職し「パースで音楽の勉強をするので家事を頼む」といわれてイギリスへ移った。5年ほどしてイギリス生活にも慣れ，やがて兄が指揮する音楽会に，歌手として出演するようになったのである。
　こうした生活の余暇に，兄妹で天文学の研究をするようになった。
　ところが1781年に，天王星を発見したことから天文学者の地位を得，音楽演奏で生計を立てる必要がなくなり，天文研究に没頭した。
　天王星発見の折，兄は王に敬意を表し『ジョージの星』と名付けた。その返礼として，妹ハーシェルは翌年，王室天文学者の地位を与えられた。

第4章　7人の女流数学者の生い立ち

男女の脳差

男性型	女性型
空間認識力	計算・言語能力
地図に強い	言語に強い
攻撃的・性的欲求	
強い	弱い
左右のバランスよい	左右対称性が高い
能力が偏るので，特殊能力が高く可能性もあるが，一部損傷すると，ある能力がそっくり失われる	両方の脳が連絡をとっているので，脳の一部がダメでも影響は少ない
精子のもつ染色体の23本中1本が	
Y染色体	X染色体

人間の両脳の働き

左脳｜右脳

言語　　音楽
感情音　機械音
鳴声　　雑音
邦楽器音　洋楽器音
計算　　図形

(利根川進氏(1987年度ノーベル賞受賞)による研究を参考に独自にまとめた)

② 女性が強い計算力

　兄の天文研究に協力するため，強い意志と根気力を発揮して大変複雑で面倒な，いわゆる"天文学的計算"を一手に引き受けてこれをこなした。
　このために，幾何学を学び，公式に慣れ，対数計算を駆使した。
　当時，『対数』は「天文学者の寿命を2倍にした」といわれ，現代のコンピュータに匹敵するほど有効な速算術であったのである。
　彼女の最大の功績は，過去の観測をもとに，2500の星雲についての目録と，計算とを表にしたことであるという。
　1822年に兄が死んだあとはイギリスを去り，ハノーバーに戻った。
　85歳になって，王立天文学会の名誉会員に選ばれたが，これは天文学会から栄誉を受けた最初の女性であった。純粋数学上の創案はないものの，数学を応用した貢献はきわめて大きいものといえる。
(注)ドイツには20世紀に，エミー・ネエーターという女流数学者がいる。
　父はエルランゲン大学数学教授で弟もあとを継ぐ数学一家であった。

5　革命, 混乱の中の孤独ソフィー
● フランス ●

ソフィー・ジェルマン
(1776〜1831)
『物理数学』創始者の１人

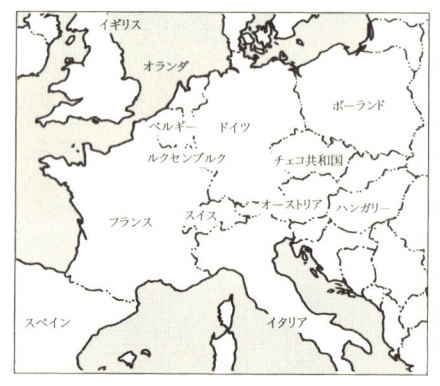

フランスを中心とした西欧地図

1　数学は死の恐怖も忘れる！

　ソフィーが13歳のとき，1789年バスチーユが陥落し，パリの街は革命を求めて，デモ行進のほか暴徒が騒ぎ，無政府状態で，少女が街に出ることは大変危険であった。

　彼女の家庭は豊かであったので，両親から家に居て過ごすようにいわれ，やむなく退屈な毎日を父の図書室で過ごした。

　そんなある日『数学史』の本を手にし，その中の１ページが感動を与え，彼女の人生をも変えることになったのである。その１ページとは，

　「紀元前３世紀ギリシアの数学者，物理学者のアルキメデスは円について深い興味と関心（次ページ参照）をもち，日夜研究していた。

　ある日，床に円を描いて考えているとき，ローマ兵が侵入してその円を踏んだ。怒ったアルキメデスが"オレの円を踏むな！"と言ったところ，その兵士の槍で刺し殺されてしまった。」

　という記事で，数学が死をも忘れさせる魅力ある学問，と感じた。

第4章　7人の女流数学者の生い立ち

アルキメデスの円の研究

○円に内接・外接する正96角形を描き，円周率を3.14まで求める。

〔参考〕　現在ではコンピュータによって515億余桁を得ている。

○円柱にすっぽり入る球と円柱とを考えると，
　　表面積　2：3
　　体積　　2：3
という美しい関係があることを発見している。

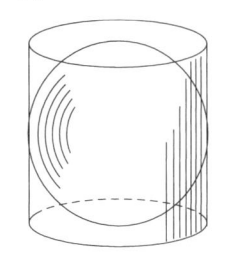

（注）この形はアルキメデスの墓になったという。

フランス革命発祥地バスチーユ

2　ガウスと文通した女流数学者

　アルキメデスの件の感動以来，ソフィーは日々，数学の勉強に熱中しはじめ，夜おそくまで部屋に閉じこもった。

　これを心配した両親は，健康のことや将来のことなどから数学の勉強をやめさせようとして，勉強部屋のあかりと暖房とをとりあげた。

　孝行娘のソフィーは，いったん床に就き両親が寝てしまうと，羽根ぶとんで身を包み，ローソクをあかりとして夜おそくまで勉強し続けた。

　ある日，いつまでも起きてこない娘を心配して，母親が部屋に入ると，机にうつぶせになって寝ているそばに，石板一杯の計算が書いてあった。

　両親はついに折れて，ソフィーが数学の勉強をすることを認めた。

　当時は女性が大学に入れないため，教授の講義ノートを借りて学び，論文は男子名で学会へ送ったりした。やがてガウスの目に留まり，この第一級の数学者と文通するようになり，彼の推薦でゲッティンゲン大学から名誉博士号を与えられたが，授与の前にパリで亡くなった。

⑥ 最大の女性科学者メアリ
● イギリス ●

メアリ・フェアファクス・サマーヴィル
(1780〜1872)

1　ヒョンなことから数学を学ぶ転機

　あまり豊かではないが「家柄の良いこと」を誇りにし，父は海軍将校で長期間不在という家庭で，1780年12月スコットランドで生まれた。

　メアリは，これまで紹介した女流数学者の家庭のような恵まれた環境ではなく，また彼女自身も目立つ才能をもっていなかった。

　それがあるとき，ひょっとしたことから「隠れた才能が芽を出した」という，特別な女流数学者だったのである。その転機とは，

(1)　メアリが友だちとファッション雑誌を見ているとき，その中に自分の知らない数学の記号を発見し，友だちに聞くと「『代数』だ」といい，代数という未知なものに惹かれた。

(2)　ネイスミスアカデミーで絵画やダンスを習っているとき，校長が男子学生に「遠近画法では，ユークリッドの『幾何学原本』を学ぶとよい」というのを耳にし，この本を読みたいと思った。

　メアリは，こうして"女人禁制といわれた数学界"に入っていった。

第4章　7人の女流数学者の生い立ち

教科で男女どちらができる（単位：％）

教科	数学	理科	英語	社会
男が上	32	47	4	21
女が上	16	5	52	15
差なし	52	48	44	64

家庭で算数・数学を教えてくれる人

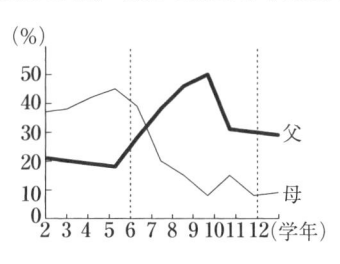

（アメリカでも男子は理系女子は文系か）

（それにしてもアメリカの両親はエライナ～）

左図はカリフォルニア大学ジョン・エルネスト氏の調査対象小2から高3まで1324校のアンケートによるもの

❷　数学学習推進の幸運続き

　数学への興味が，両親などの阻止を越えて次第にそこへ入り込む幸運が続いたのである。

　メアリの弟の家庭教師が，夢に描いていたユークリッド幾何を，弟に教えるようになった。彼女はそばで縫い物をしながら学び，ときに夜おそく勉強して自力で読みこなしたのである。

　もう1つの幸運は，夫が結婚4年後亡くなったあと再婚した男性が，彼女の数学研究に理解を示しただけでなく，いろいろと協力してくれた。

　とはいえ，3人の娘の母親として家事一切をするほか，多数の訪問客の対応もあり，研究時間をつくるのは大変だったようである。その中で，1831年『宇宙の機構』，1834年『自然科学間の関係』などを執筆。

　メアリは，イギリス人に数学と自然科学の発展への関心をもたせる努力をした科学者とされた。92歳で死ぬまで，読書と研究，そして四元数などの著述をした，という。

7 文学者でもあったソーニャ
● ロシア ●

婦人問題に関する国際比較調査

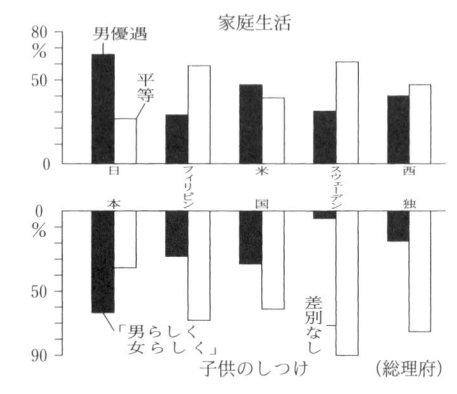

ソーニャ・コワレフスカヤ
(1850〜1891)

1 血筋7代か，教育か，『数学の才能』

曽祖父は有名な数学者，天文学者，祖父は立派な数学者でロシア軍の測地隊隊長，そして父はロシア軍の将軍，という恵まれた遺伝因子をもったソーニャは，1850年1月モスクワで生まれた。

彼女は三姉弟の真ん中で，父は職務上不在が多く，母は姉弟を愛していると考えて，つねに不安感をもち，傷つきやすい性格であったが，反面非常に強い性格ももっていた。

ソーニャが数学に目覚めたのは，次の環境からであった。

- 数学好きのおじから，多くの数学の話を聞くことができた。
- 子供部屋の破れた壁に貼ってあった紙が，父が若いとき学んだ微積分学の講義用の本のもので，日々，不思議な記号に，神秘さを感じて過ごした。

彼女が15歳になって，ペテルブルクで習った微分学では，この貼紙の影響からか，以前から知っていたようにスラスラ理解したという。

第 4 章　7 人の女流数学者の生い立ち

男・女の文体接近

少し古いが，朝日新聞の「ひととき」と「声」への投稿をもとに，過去 40 年の女性の文体の移り変わりについての調査項目の中の"私"と"です・ます"に関し，右のような調査結果が報告されている。

全般に，「男女の表現が接近してきている」という。

パソコン通信の傾向差

利用目的に次の差がある。

{ 男は情報収集
{ 女は連絡，交流　　（博報堂，ニフティ）

細線：女性
太線：男性

(1996.3.9.静岡大熊谷滋子氏―言語学―調査結果参考)

2　数学と文学との両立

世間一般では，理系の代表の『数学』と，文系の代表の『文学』とは相容(あいい)れない，いわゆる"対極にあるもの"と考えられてきた。

理性――感性，客観――主観，論理――情緒　という対立である。

しかし，多数の数学者の中には，文学者としての才能をもつ人もいる。

ソーニャもその 1 人で，他人からその両立について質問されると，「純粋に抽象的な思索に頭が疲れてくるや否や，すぐに人生の観察と小説の方へと向きを変えはじめます。逆に，人生のすべては無意味で興味なく見え，永遠の不変の科学的法則のみが，私を惹(ひ)きつけます」と。

当時，ロシアの大学は女性へ門戸を閉ざしていたので，偽装結婚で外国へ行き，その大学に入学する，という手が使われた。

彼女はその方法で，ドイツの伝統あるハイデルベルク大学で学んだ。

その後，「詩人の心をもたない数学者は真の数学者ではない」と言ったワイエルシュトラスに教えを受け，"ゲッティンゲン大学博士号"を得た。

？謎¿ 数学センスをもつ7人の世界童話作家

「詩人の心をもたない数学者は真の数学者ではない」（前ページ）

これは19世紀ドイツの数学者ワイエルシュトラス（ソーニャは彼の弟子）が述べた有名な言葉である。

道 志洋博士は，"詩も数学も"ムダなものを捨ててエキスだけを語る点が共通しているといい，童話作家も「詩の心」「数学センス」の持主であると考えている。

実際，各国の代表的童話作家をとりあげてみると，詩人であり，数学関係者である。（"情報圧縮学"が共通。）

そういえば，著者も童話本『その先どうなるの？』（福音館書店）を執筆している。

孫悟空と一行（中国）

人魚姫（デンマーク）

各国の代表的童話作家

世紀	国	作家	作品	備考
16世紀	イラク	――	『千一夜物語』	シェヘラザード数(1001)
16世紀	中国	呉承恩	『西遊記』	商人（商業数学）
17世紀	フランス	ペロー	『童話集』他	詩人
18世紀	ドイツ	グリム兄弟	『グリム童話集』他	言語学，文法学者
19世紀	デンマーク	アンデルセン	『マッチ売りの少女』他	詩人
19世紀	イギリス	ルイス・キャロル	『不思議の国のアリス』他	数学者
20世紀	日本	宮沢賢治	『注文の多い料理店』他	詩人，数学教師

（注）19世紀　イギリス　スチーブンソン　『宝島』他　詩人，工学者

第5章 7種の近・現代幾何学の誕生と"謎"

2000年間,学問の典型,図形の王者であった『ユークリッド幾何学』の城を,次々と破って,新しい幾何学が誕生したナゾ

あらゆる角度からの大砲攻撃にも強固な城壁の設計は,数学者による"幾何学"が不可欠である
――大砲の威力を知るフランスの美しい城壁――▼

1 大航海時代の産物『球面幾何学』
● "曲がった直線"の謎 ●

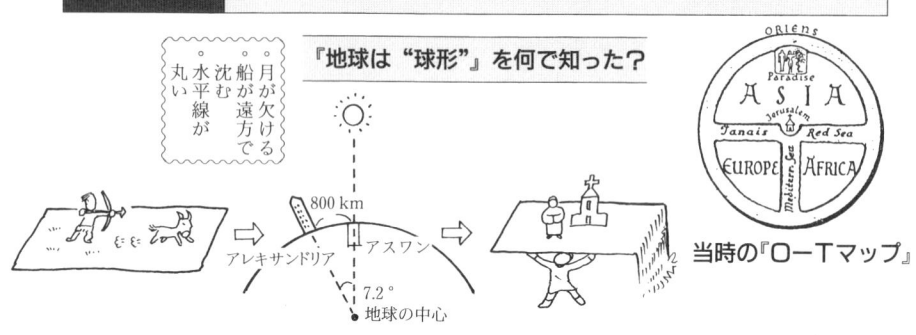

太古の人間
狭い平地での範囲

古代ギリシア人
地球の大きさを測る

中世キリスト教
地の果ては滝

当時の『O−Tマップ』

1 人間の土地は。平面か球面か？

　太古の人間は，行動範囲も狭いし，科学的知識も乏しいので，生活している土地がどんな形か，を考えたこともなかったであろう。

　しかし，四大文化地の人々のように太陽や月，星の観測を継続的におこなっていると，"地球"というものを考えるようになってくる。

　紀元前6世紀のギリシアの数学者ターレスは，すでに日食を予言しているし，紀元前3世紀のギリシアの数学者，地理学者エラトステネスは，上のような方法で地球の周囲を $800 \times \dfrac{360}{7.2} = 40000$，つまり4万kmを得ている。当然，地球が球形とした上での計算である。

　ところが，ヨーロッパで3世紀〜13世紀のいわゆる「中世の暗黒時代」になると，地球は平盤で，太陽が回る，という非科学的なことになってしまうのである。

　これが修正されるのは，15世紀からの大航海時代で，冒険船乗りたちが，実感で地球がまるいことを知り，それを利用したことによる。

　未知の大海への航海ともなれば，ようやく作られた「海図」をたより

第5章　7種の近・現代幾何学の誕生と"謎"

幾何の種類と誕生・発展

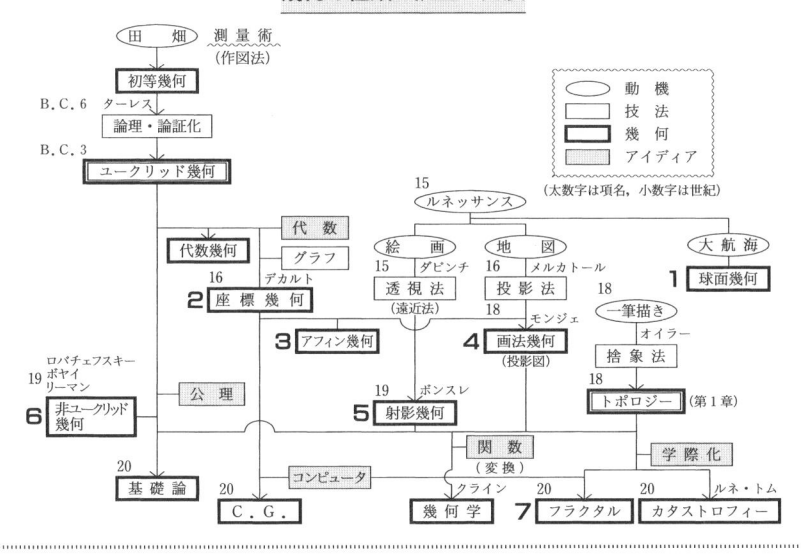

（太数字は項名，小数字は世紀）

にすることになるが，ここで用いられる"直線"は，従来の平面上の直線とは異なるものである。

こうしたことから，やがて学問化された『球面幾何学』が誕生した。

それは，2000年の伝統をもつ古典『ユークリッド幾何学』とは，根本的に相異するものであった。そのアイディアの発生は"謎"でもある。

ここで，本章の展望を兼ねながら，幾何学の体系を見てみよう。

上の系統図について，道　志洋博士は，「大きく分けると次のようになる」という。

(1) 平面から，曲面上での図形を考える（球面幾何学，非ユークリッド幾何学）
(2) 代数と対立させず，代数との融合をはかる（座標幾何学）
(3) 直線図形を曲線図形に変換する（トポロジー）
(4) 不規則図形の中に規則を見つける（フラクタル）

など，種々の観点から，次々と新しい幾何学が創案された。

平面と球面の図形学

〔定義〕

	平面	球面
点	同じ	
直線	ピンと張った糸	大円の弧
平行線	ただ1本	1本もない
三角形	内角の和180°	内角の和は180°より大 270°まで
合同	あり	あり
相似	あり	なし

航空機の最短(大圏)航路

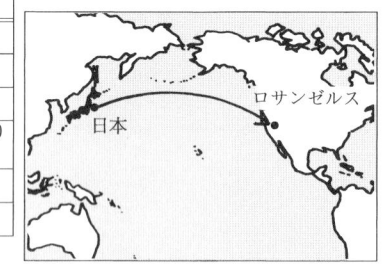

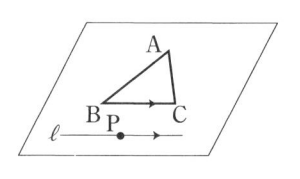

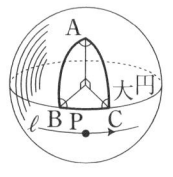

（注）大円とは，球の中心をふくむ切り口の円周のこと。これが球面上の直線になる。

平面の場合　　　球面の場合

2　平面と球面の幾何の違い

太古の人，中世のキリスト教徒など，と，までさかのぼらなくても，われわれ現代人は幼児の頃から平面に図形を描き習い慣らされてきた。

"曲面の絵"といえば，太い柱に描かれた広告や地球儀，大きいものでは熱気球，身近では花瓶，皿の絵であろう。

ここで改めて，球面上での初歩図形学——小・中学校レベル——を，平面のものと比べながら考えてみよう。

上の表にまとめてあるように，点，合同は変わらないものの，他の基本的なところでいろいろな違いがある。

まずは"直線"で，世界地図で見る航空機の航路（たとえば東京——ロサンゼルス）は，最短距離を通っているのに，平面の地図上では"曲線"を描いている。このことから，球面上の三角形の内角の和は最大270°になる。合同図形はつくれるが，平行線がないため，図形の相似形は描くことができない。

（注）赤道に直交するすべての緯線は極で交わるので，平行ではない。

第5章　7種の近・現代幾何学の誕生と"謎"

曲面への研究

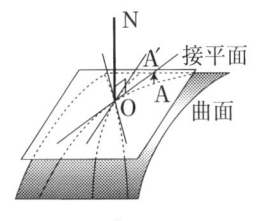

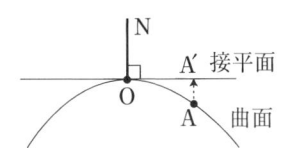

微分幾何学

座標幾何学の手法 ／ 微分積分学の考え ｝を用い，一般の曲線と曲面の性質を研究する幾何学。

法線：点Oを通って，接平面に垂直な直線NO(左図)のこと

曲率：曲面の曲がり具合

測地線：曲面上の2点を結ぶ直線（最短距離）

直線：球面上では2点を通る大円

一般曲面から『微分幾何学』が誕生した。

自然界には，曲面でできているものが多い。たとえば，

　大根，人参(にんじん)，ラグビー型の西瓜(すいか)，へちま，ひょうたん，なす，ピーマン，西洋梨，かぼちゃ

など，身近なところで，野菜，果物の形から見られるだろう。

立方体，直方体などの平面で囲まれた立体と異なり，これらの表面積，体積を求めるのには，昔から苦心している。

工夫の代表的なものは，アルキメデス(B.C.3世紀)などによる『積尽法』(取り尽くし法ともいう)で，これは"細分化して集積し（取り）尽くす"という考えによるもので，今日の"積分の考え"の基礎である。

(注)　『積尽法(せきじん)』は証明法であるのに対し，『微積分』は発見法である。

「ガウスの曲率では，いたるところで0は平面，＋(プラス)は凸面，－(マイナス)は凹面となる。これは125ページで少しふれるが，『微分幾何学』について詳しく学びたい人は専門書によって頂きたい。」(道博士)

2 うたた寝の閃き『座標幾何学』
● 代数と幾何が手を結ぶ謎 ●

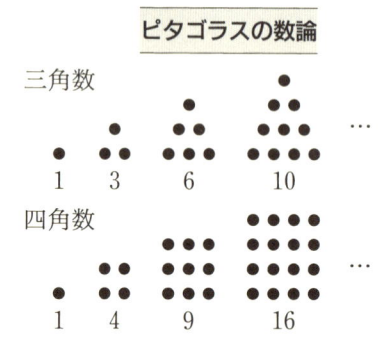

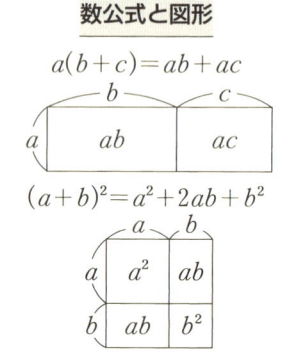

ピタゴラスの数論

三角数
1　3　6　10　…

四角数
1　4　9　16　…

数公式と図形

$a(b+c) = ab + ac$

$(a+b)^2 = a^2 + 2ab + b^2$

1 数と図形のかかわり

　何事でもそうであろうが，初期のうちは渾然一体となっているが，それが進み『学問』となると分化し，整然といくつかに分類される。

　たとえば，哲学から教育学，心理学が分化したようなものである。

　数学の世界も，渾然後比較的早く，古代ギリシア時代から算術（入門），代数，幾何，三角法（測量，天文）などに分類された。

　ただ，「万物は数である」という整数論者のピタゴラス（B.C.5世紀）は図形も数化することに専念していた。その代表例が『三平方の定理』である。

　古代ギリシアは，エウドクソス，アルキメデス，ディオファンタスなどを除くと，ほとんど幾何学者であったため，比や代数式，方程式なども作図によって表現したり，解を得たりすることが多かった。

　『作図の三大難問』（69ページ）が長く解決できなかったのも，問題を「方程式の問題におきかえる」発想や力がなかったからといえよう。

第5章　7種の近・現代幾何学の誕生と"謎"

〔問題〕
三角形ABCの2辺AB，ACの中点をそれぞれM，Nとし，M，Nを結ぶと，BC≙2MNである。

（注）≙ は，「平行で長さが等しい」の記号

閃きの"補助線"で証明

MNをNの方に
延長し，
MN=ND
となる点Dをとる。
ここで三角形CDN
を考えると，

△AMN≡△CDN（2辺夾角の合同）
これより四角形MBCDは平行四辺形
となり，BC≙MD
一方MD=2MN，よってBC≙2MN

機械的（アルゴリズム）で証明

M，Nの座標は

$M\left(\dfrac{a}{2}, \dfrac{b}{2}\right)$,

$N\left(\dfrac{a+c}{2}, \dfrac{b}{2}\right)$

ともに $\dfrac{b}{2}$ なので x 軸に平行 ｝ 平行

長さは $\dfrac{a+c}{2} - \dfrac{a}{2} = \dfrac{c}{2}$ ｝ で半分

よってBC≙2MN

　図形の証明では，好きな人にとって"閃き"で解決する醍醐味，嫌いな人は無用な補助線の乱用で苦しむ，と大別される。

　「私は閃きがない人間なので証明はダメです」「どうすれば，よい補助線に気付くの？」「まずどうするか，の見通しが立たない」……

　など，などの声を耳にするものである。たしかに，そういう思いをもつのであろう。この点について道　志洋博士は

　「たとえば，上の問題（「中点連結定理」）の証明では，補助線NDを引けばあとスラスラと展開できるが，辺BC上に中点Lをとって，他の点と結ぶ補助線を引くようなことをすると，あとは迷路に入り込む。

　一方，座標を使い，三角形を上のようにおき，各点の座標を求め，計算していくと，まったく機械的に——方程式を解くように——結論が導き出せるのである。つまり，座標による証明では，いわゆる"閃き"感覚を必要としないところが，その長所である」という。

　もう一度上の両者を比較してみよう。

エラトステネスの地図

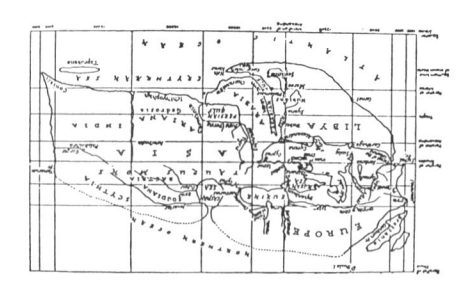

紀元前3世紀のもの。
有名な「ヘラクレスの柱」をもとに，縦5本，横6本の座標軸がある。（縦，横とも両端の線は関係ない）

デカルト（1596〜1650）
フランス将校として『三十年戦争』にドイツへ従軍し，1619年12月10日ドナウ河畔の露営のうた寝でアイディアが浮かんだ，という。

2 "座標の考え"の利用と発展

前ページの「中点連結定理」の2つの証明方法を，もう一度見比べてみよう。

次のような相異が見られる。

- 補助線による証明──証明のカギとなる補助線の着想は，一見偶然の閃きにおうところが大である。
- 座標平面にのせる証明──一度座標平面に図をのせればあとは方程式を解く手順で，特別の思考を必要としない。

この"座標"を用いて幾何の難問を代数的に処理する手法を最初に創案したのが，17世紀フランスのデカルトである。

この方法は，逆に代数の問題を幾何的手法で解くことも可能にした。つまり，長い間存在していた代数と幾何の壁を取り去る役割りを果たすことになった。

ただ，「座標の考え」そのものは，彼より2000年前，古代ギリシアの地図などにあったのである。

第5章　7種の近・現代幾何学の誕生と"謎"

平行四辺形の対角線は中点で交わる	ひし形の対角線は直角に交わる

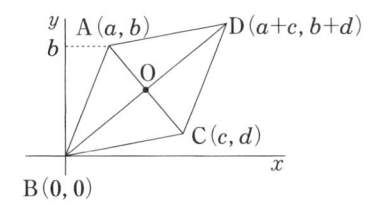

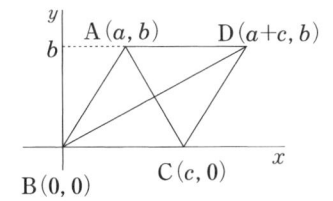

[図：左 平行四辺形 $A(a,b)$, $D(a+c,b+d)$, $B(0,0)$, $C(c,d)$, 中点O]
[図：右 ひし形 $A(a,b)$, $D(a+c,b)$, $B(0,0)$, $C(c,0)$]

平行四辺形の性質から点Dの座標がきまる。
ACの中点の座標 $\left(\dfrac{a+c}{2}, \dfrac{b+d}{2}\right)$
BDの中点の座標
$\left(\dfrac{0+a+c}{2}, \dfrac{0+b+d}{2}\right)$
よって，AC，BDの中点の座標は一致する。

上の図から点Dの座標がきまる。
ACの直線の方程式の傾き $\dfrac{b}{a-c}$
BDの直線の方程式の傾き $\dfrac{b}{a+c}$
$\left(\dfrac{b}{a+c}\right) \times \left(\dfrac{b}{a-c}\right) = \dfrac{b^2}{a^2-c^2} = -1$
　　(AB=BCより　$a^2+b^2=c^2$)
よってAC⊥BD

　古くからある西洋のチェスや東洋の碁，将棋など，座標を用いたゲーム，あるいは「碁盤の目の街」といわれる都市づくりなど，洋の東西を超え"座標の考え"が用いられた。

　では，これと"デカルトの座標"とはどのように違い，デカルトの発想の何が創造的だったのであろうか。道　志洋博士は答える。

　「すでに109ページの例で示したように，図形⇌代数の融合，さらに後の"関数の考え"（グラフ）へと発展させる仕事をしたからである。

　同じマス目（網目）を，静止したものとして見ず，動きの道具へ利用する工夫がデカルトの優れた点であった。」と。

　上の2つの例は，初等幾何の代表的証明問題であるが，図形を座標におけば代数的に処理することができる。

　文章題が，方程式を立てた段階で，あとは機械的に解けるように，図形を座標平面においた段階で，機械的に解けるのである。

（注）上の2つを幾何の方法で証明し，考え方の違いを比較してみよ。

3 太陽光線による『アフィン幾何学』
● 引き伸ばしが役立つ謎 ●

窓に差し込む太陽光線

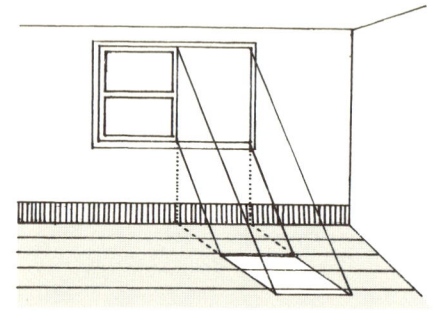

アフィン変換の利用

運転席など高い視点から見やすい文字，記号，数字（写真では射影変換）

1 合同，相似の次は？

図形を，太陽光線による変換をしたものが"アフィン変換"（日本語では擬似変換）といい，この変換で不変な性質を研究する幾何学を『アフィン幾何学』という。これは

　合同変換——2点間の距離を変えない変換。もとと同じもの

　相似変換——上下，左右に一定の比率で伸縮する変換。拡大・縮小

　アフィン変換——平行線による変換。

など，平行関係を保持する点で仲間といえる。

"アフィン変換"という名称は耳慣れないが，実は太陽の下に生きている人間にとって，日々目にするもので，たとえば窓に差し込む太陽の明かりは，窓ワクが長方形でも，その明かりは平行四辺形となっている。

上の写真のように，道路では，大通りでも，小路でも，アフィン変換された記号，数字，文字が用いられている。

引き伸ばしの図，絵は本来不自然なのに，実用性がある。

第5章　7種の近・現代幾何学の誕生と"謎"

アフィン変換と特徴

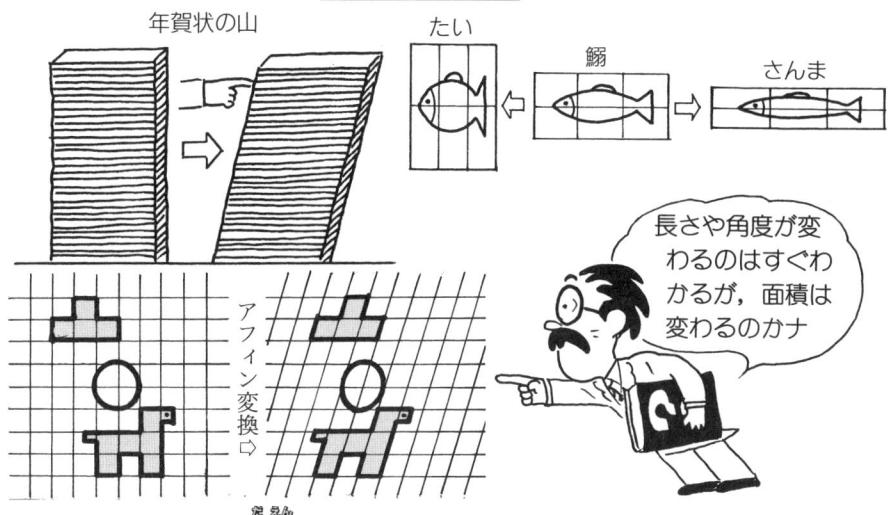

年賀状の山　　　たい　　　鰯　　　さんま

長さや角度が変わるのはすぐわかるが，面積は変わるのカナ

2　平行四辺形と楕円は仲間

　われわれが太陽の下で生活している限り，アフィン変換は身近なもので，決して特別な考えではない。

　正方形や長方形を平行四辺形に，円を楕円にするに過ぎない。

　着物，洋服の柄，ふすまなどの模様，壁や塀，敷石の図案など目にすることが多いであろう。

　アフィン変換は一般的には，平行四辺形（上下，左右への引き伸ばし）の変換であるが，特別の場合として上下だけ，とか左右だけの引き伸ばしもふくまれるのである。

　道　志洋博士は，この変換の有用性について，
「上右図からわかるように，『鰯』のある変換で，『たい』や『さんま』と合同にすることができる。オヤオヤ！　という感じであろう。

　この発想では，"動植物の分類"あるいは，猿類の頭ガイコツの型の発達などの研究に有効だ。太陽の影を見ながら，柔軟な頭を働かせることも意味があろう」と。

4 要塞建設のための『画法幾何学』
● 公開を禁じ秘密にされた謎 ●

大砲に強い要塞 （外部）

要塞の大砲 （内部）

1 大砲時代の防禦術

「1453年，この年は人類史上に大きな転機をもたらせた記録すべき年である」というのが道 志洋博士の口癖である。彼はこう続ける。

「それまで，船同士の戦いにだけ使われていた"大砲"を，オスマン・トルコ軍が東ローマ帝国の難攻不落の三層の城壁を破壊し，その結果，陥落させ，これを最新鋭の武器とした。（トルコでは大砲のことを"トプ"と呼ぶ。）

以後，すべての戦争は"大砲戦"となったが，一方で，大砲への防禦術も真剣に工夫された。いわば"矛と盾"の関係である。

大砲のどの方向からの攻撃にも強い城壁，要塞の構築に，各国が知恵を絞ったが，当時，その設計計算は大変なものであった。

このとき，フランスの若い数学者モンジュが，従来の計算法によるのではない，画期的な作図法，しかもきわめて簡便な方法を創案した。

フランスでは，これが他の国へもれることを恐れ，軍の重要機密として公開することを禁じた。どうだ!! この発展史の流れは興味深いだろう。」

第5章　7種の近・現代幾何学の誕生と"謎"

モンジュ
（1746～1818）
- 1765 年　『画法幾何学』創設
- 1768 年　兵学校教授
- 1790 年　度量衡制度委員
- 1792 年　革命政府の海相
- 1793 年　高等師範学校教授
- 1794 年　高等工芸学校校長
- 1795 年　『画法幾何学』刊行
- 1818 年　追放され死亡

**モンジュが初代校長の
エコル・ポリテカル**
（高等工芸学校，1794年創立）

　さて，モンジュの門弟には，デュパン，ブリアンション（120ページ），ポンスレ（118ページ）など，そうそうたる数学者がいたが，彼が初代校長をしたエコル・ポリテカルでは，フランスの他の有名校とは異なり，貴族，庶民などの子弟を区別することなく，広く人材を集めた。ナポレオンが「金の卵を生むめんどり（学校）」と評したほどであった。

　彼自身，商人の子という庶民階級の出で，学校入学では差別されたことへの反発から，"学力中心という公平性"が成功した学校といえよう。

　彼の人生は，まさに波乱万丈で，次のような変化があった。

- 『画法幾何学』を創案しながら，軍の秘密として公表できず，30年後，初代校長のオヒロメの講義でやっと公にすることができた。
- 度量衡制度委員になりながら，途中フランス革命で中断の上，仲間の委員をギロチン処刑で失う。
- 革命政府の海相や学校教授，校長の栄光の地位についたものの，政府が変わって追放され，さびしく死亡した。

見取図　　　　　　　　　投影図

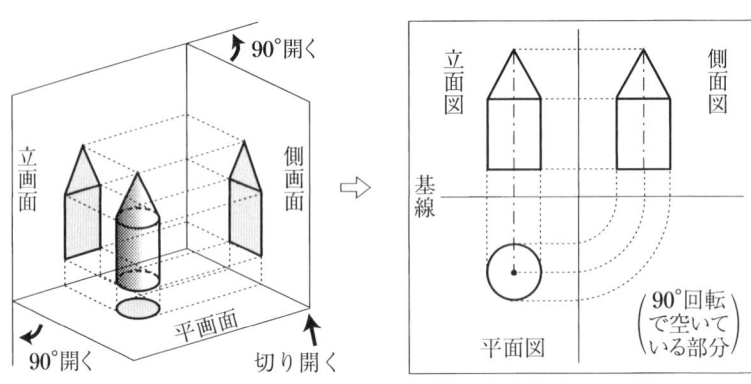

こちらは"画面" ⇦(注意)⇨ こちらは"面図"

2 『画法幾何学』の中に投影図がある

　画法幾何学の中で，社会での使用が多く，学校教育でも指導されるものが，"投影図"である。

　この基本について簡単にまとめてみよう。

　まず，それぞれ直角に交わる3つの平面をつくり，その中に物体をおく。（上の見取図参照）そして3方面から各面に直角な光（正射影）を当て，物体の影をそれぞれの面に投影させる。

　次に，平画面と側画面の交線を切り，それぞれを90°回転して3面を同一平面にする。

　これを「影図（かげず）」でなく「線図」で表現したものが上右の投影図である。

　現在では，大は船，工場，家，自動車などの設計図，小はネジ，指輪，ペンなどの下絵，と実に広範に使用されている。

（注）簡単な物体の場合，側面図を用いないことが多い。また，実線，
　　点線，鎖線（中心線）などの使いわけに注意しよう。

第5章　7種の近・現代幾何学の誕生と"謎"

切り口　　　　　**面上の点**　　　　**実際の長さ**

OPを基線に平行になるまで回転し、OP=OP₁とするP₁をとる。

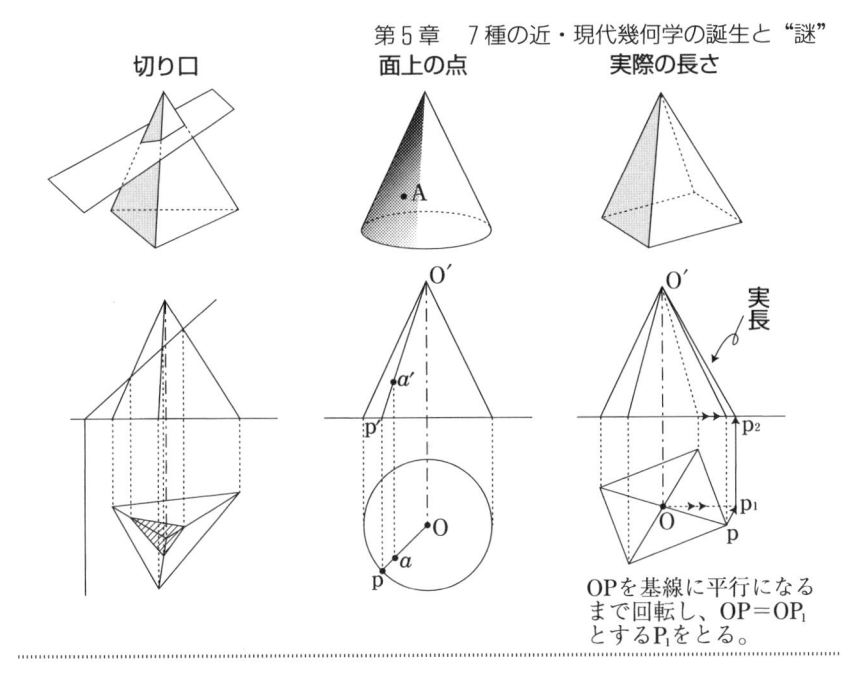

投影図は，種々の実用性のほか，パズル的なおもしろさがある。

図面上からは，読んだり，見たりできないものを，作図によってつくり出したり，発見したりすることができる。

ここでは，比較的容易でしかも実用性のある3つの例をあげよう。

切り口―――ある立体を，1つの平面で切ったときの切り口の形を正しく求めるには上のような作図による。
　　　　　円錐（えんすい）を斜めに切ったときの切り口が卵型ではなく楕円であることも，これから求められる。

面上の点―――立体の面上にある点の位置を平面上に示すのに，上のような作図で求められる。

実際の長さ―――立体が見取図や写真など二次元で示されたものでは，各辺が正しい長さでないことが多い。これの実際の長さ（実長）は，基線に平行にする作図から得られる。

各自，別の図を描き，試みてみよう。

117

5 点光源光線による『射影幾何学』
● 物とその影に注目した謎 ●

```
                          座標    16世紀
                         ⤴      座標幾何学(デカルト)
   ┌ 16世紀            正射影   18世紀
   │ 地図(メルカトール)  ⟹ 投影法 ⟹ 画法幾何学(モンジュ)……(合同型)
   │ 15世紀　絵画                  19世紀
   │ (ダ・ビンチ                   射影幾何学(ポンスレ)……(相似型)
   └  デューラー)
```

ポンスレ ▶
(1788〜1867)

「新時代は忙しい」

1　新時代の関連幾何学

近世ヨーロッパは，15世紀ごろから始まるといえよう。

それは心身の解放で

　　ルネッサンス——絵画，刻彫，文学あるいは建築の創造的躍動

　　大航海時代——未知の大洋へ，冒険をおかした勇敢な船出

によって代表される時代であった。

このとき，球面を平面に表現する工夫の１つとして"投影法"が考えられ，一方，絵画のより正確な描写の追求から"透視法"が始まったのである。「これからが大切！」と道　志洋博士は口を開いた。

「数学者は——これまでの章でしばしば述べたように——世の中の新しい興味あることに関心をもち，それを"数学の土俵"にのせて，やがて『学問』にする，という能力をもっている。それが数学の特性だ。

この投影法も透視法も，上の表のように，その考えからいくつかの幾何学を誕生させているのだ。

今後の内容においても，そうした場面が出てくるであろう。注目！／」

第5章　7種の近・現代幾何学の誕生と"謎"

平行光線による影

点光源光線による影

影

ピラミッドの高さの測定

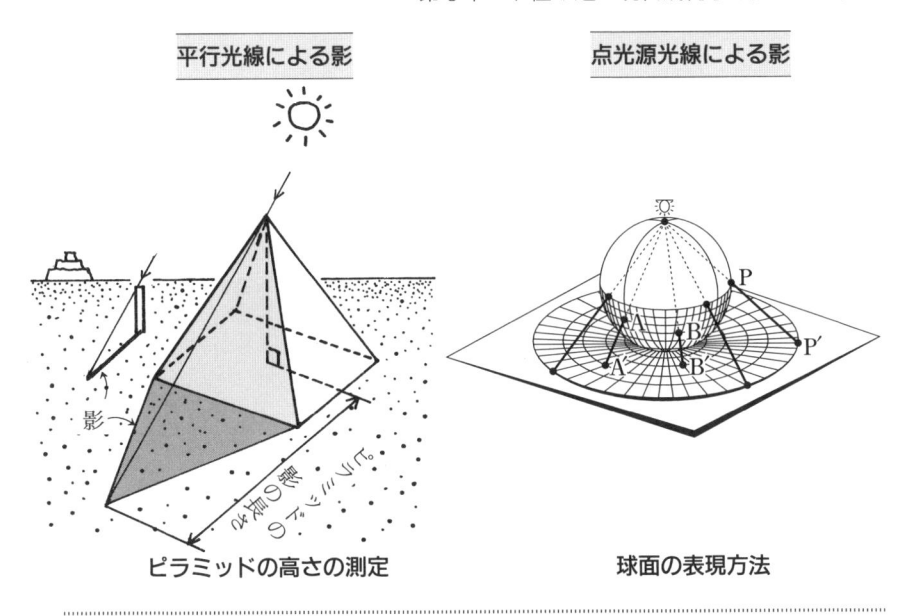

球面の表現方法

　図形で，影を利用した例はいろいろあるが，古く，有名なものとして，道　志洋博士が次の話を紹介した。彼の"得意話"である。
「・紀元前6世紀，ギリシアのターレスが，エジプトの数学者が誰一人測れなかったピラミッドの高さを，一本の棒を使い，影と比例で高さを求めた。(太陽の高度が45°のとき，棒とその影の長さは等しい)
　・紀元前3世紀，ギリシアのエラトステネスがアレキサンドリアの高いオベリスクの影を使い地球の大きさを求めた。(104ページ参照)
が，こうした平行光線の便利さの反面，欠点もある。
　地球の地図作りでは，上右図のような点光源光線によるのが有効で，不正確――長さの比率や面積など――な部分があるにせよ，一応球面の状態を表現することができる。が，平行光線では不十分であろう。
　別に，地球がスッポリ入る円筒形に入れ，球の中心に点光源をおく方法もある。こうした考えの幾何学が『射影幾何学』である。」
　そして彼は，この幾何学の特徴の数々を次のように説明した。

119

射影幾何学の特徴

1　平行線

　　無限遠点の考え

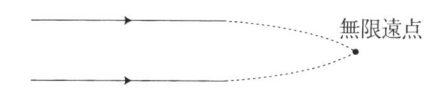

　　　　　　　　平行線は無限のカナタで交わる

2　点円，虚円

　　$x^2+y^2=r^2$

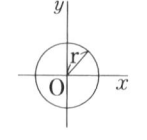

　　$r=0$ のとき点円
　　$r<0$ のとき虚円 } 描けない円

3　双対性　　　パスカルの定理　　　　　　　　ブリアンションの定理

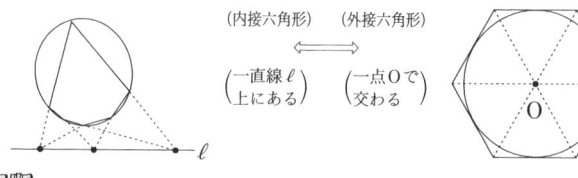

（内接六角形）⇔（外接六角形）
（一直線 ℓ 上にある）（一点Oで交わる）

2　射影と切断

「新しい酒は新しい皮袋に！！」

という有名な言葉がある。新しい幾何学が創案されたとき，当然，新しい用語や規則，性質が定められる。

『球面幾何学』で，"直線"の定義，平行線がない，三角形の内角の和が $180°$ でない，などの性質があげられたことを思い出してみよう。

さて，『射影幾何学』では，"射影と切断"が特長で，例外を除くため

・平行線も交わると考える必要から「無限遠点」

・$x^2+y^2=r^2$ は円を表す方程式とするため，「点円」「虚円」などの用語を導入している。

また，「双対の原理」――　一方が成り立てば他方も成り立つ――，共点，共線や調和図形の新語も用いられている。ただ，これらが難解だったため，『座標幾何学』の影になり，長く人々に関心をもたれず，日の目をみるのがおくれた。

次第に話が専門的になってきたが，この辺で射影の利用例を道　志洋

第5章　7種の近・現代幾何学の誕生と"謎"

射影と切断

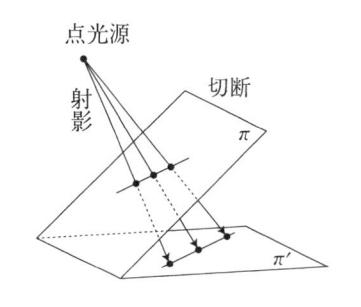

相似変換と射影変換の例

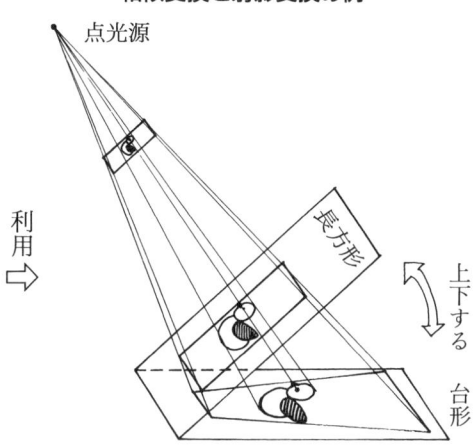

原画の射影図で，切断の仕方で絵がいろいろ変わる。

博士に聞いてみよう。

「誰でも知っているものに"影絵"がある。物と光源との距離で，ある人物が小人になったり巨人になったりして，『物語』で効果的だろう。

また，お祭りなどで売っている"回りどうろう"もなかなかしゃれているね。射影変換が，大事故の解明に役立った有名な話。

1966年3月5日，富士山近くを飛んでいたイギリスのBOCA旅客機が乱気流に巻きこまれて空中分解し，200余人全員が死亡した。

事故解明では，"高度いくらで，どこの上空か？"が問題点の1つになったが，たまたま乗客の中に最後の瞬間まで8ミリカメラで映したフィルムの1コマが，この問題に結果を出した。

1コマは山中湖周辺の画像で，それを地形図上に描いたとき，1コマの形の長方形が台形になっている（射影変換）ことから上図のように長方形になるまで面を調製して高度と位置を求められたのだよ」スゴイ!!

121

6 公理追求から生まれた『非ユークリッド幾何学』
● "常識"へ疑問をもった謎 ●

第5公理への疑問

常識では…
5番目がオカシイ？

公理5は，
①もっと短くならないか？
②定理ではないか？
と誰も考えるンダナ

公理（公準）

1　任意の点から任意の点へ1つの直線を引くこと
2　有限の直線を続けて直線に延長すること
3　任意の中心と距離をもつ円を描くこと
4　すべての直角は互いに等しいこと
5　1つの直線が2つの直線と交わり，同じ側で2直角より小さい内角をつくるならば，これら2直線を限りなく延長すると，2直角より小さい角のある側で交わること

1　『自明の理』『万人が認めるもの』の意見

人間は元来，群集動物であり，長く集団社会生活の中で発展してきた。そのため，「みんなが——」とか「社会通念」とか，というものが存在する。

『数学』という元来，客観的，論理的，抽象的な学問でさえ，創設段階では，その土台を，「みんなが——」によっていたのである。

数学の古典といわれる『ユークリッド幾何学』(原論)の土台ともいえる"公理"は上のようである。

当時公理は，「自明の理」「万人が認めるもの」で，その内容に関しては問答無用——神の言葉——としていた。しかし，誰しも第5公理については何とかならないか，と考え続け，やがて"常識とされた事柄"へ目を向けた。

これに疑問を抱いた人は多いが，正面から取り組んだのは19世紀で，"公理の考え"を大きく変え，

　単純である，矛盾をもたない，独立である，

とおきかえた『公理主義』というものに大転換させたのである。

第 5 章　7 種の近・現代幾何学の誕生と"謎"

～"常識"で考えた計算の誤り～

(1) 異分母の分数の和
$$\frac{2}{3}+\frac{1}{5}\neq\frac{2+1}{3+5}=\frac{3}{8}$$

(2) 同じ数同士の除法
$$0\div 0\neq 1$$

(3) 負の数同士の乗法
$$(-2)\times(-5)\neq -(2\times 5)$$

(4) $\sqrt{2}+\sqrt{5}\neq\sqrt{2+5}$

(5) $\sin 10°+\sin 20°\neq\sin(10°+20°)$

常　識

二等分できたら三等分もできる

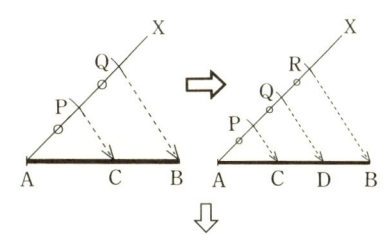

⇩

任意の角の二等分，三等分

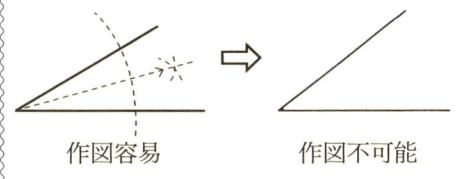

作図容易　　　作図不可能

　数学を"常識"で学んでいくと，つまずいたり，理解できなくなったりする。上に示すものがその代表例で，(1)～(5)のようなタイプのものについて，「等号が成り立つ」と考えてしまう。

　マスコミではよく，「日本の常識は，世界の非常識」と言う。これを真似すれば「社会の常識は，数学の非常識」ということになろう。

　数学は，"論理や形式"を重視する学問であるが，それに当てはまらない，いわゆる「例外」が出てきたとき，これをも含められるように，特別なルールを設ける，という方法をとっている。こういう基本的な考え方を知らないと，理解の壁につき当たるのである。

　数学学習上で常識の誤りの多くは，既習学習での類推や帰納によるものであり，上右のように，線分での成功が角への類推の失敗になった例も結構多い。

(注) 線分の二等分では，半直線を適当な長さで AP＝PQ となる P，Q を定め，Q，B を結び，点 P から QB∥PC となる点 C をとる。

123

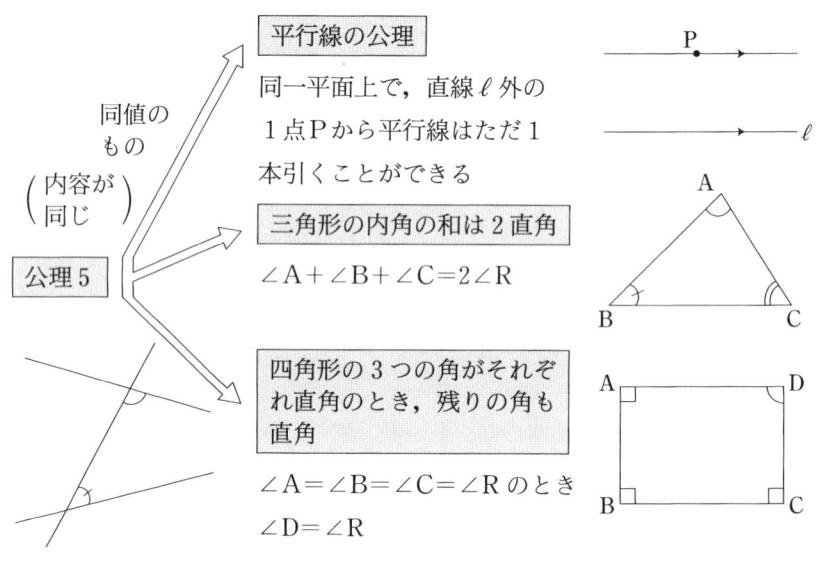

平行線の公理
同一平面上で，直線 ℓ 外の1点Pから平行線はただ1本引くことができる

三角形の内角の和は2直角
$\angle A + \angle B + \angle C = 2\angle R$

四角形の3つの角がそれぞれ直角のとき，残りの角も直角
$\angle A = \angle B = \angle C = \angle R$ のとき
$\angle D = \angle R$

公理5 —（内容が同じ）同値のもの→ 上記

2　「数学」は"常識"を土台とした学問ではない

　第5公理に疑問をもった数学者たちは，これが証明できる定理かどうか，の前に，まずこの長文を短くする工夫をした。

　「内容が同じで別のもの」つまり，同値の命題をつくることに努めた結果，上のようなものが考えられたのである。

　平行線の公理が，その代表的なもので，内容的にはきわめてわかりやすいため，第5公理のことを，ふつう「平行線の公理」という。

　あとの三角形，四角形の同値命題は，平行線の公理から導かれるので，それぞれ"定理"扱いされている。

　さて，ここで「平行線の公理」について考えてみることにしよう。

　まず，本章の第1項である『球面幾何学』（104～106ページ）を思い出してみると，この面では平行線が存在しない，ということを知らされたのである。訪ね探した『青い鳥』は実はこれであった。

　道　志洋博士はこうまとめた。

　「人間が"平面上の幾何学"を理論的に構成していく上では，万人に

第 5 章　7 種の近・現代幾何学の誕生と"謎"

幾何学を考える面

	凸面	平面	凹面
考案者	クライン	ユークリッド	ロバチェフスキー ボヤイ
モデル	球面		擬球面
平行線	1本もない	ただ1本	無数にある
三角形の内角の和	$180° < A < 270°$	$A = 180°$	$0° < A < 180°$
曲率	＋（プラス）	0	－（マイナス）

擬球の作り方

追跡線を y 軸のまわりに 1 回転してつくった立体

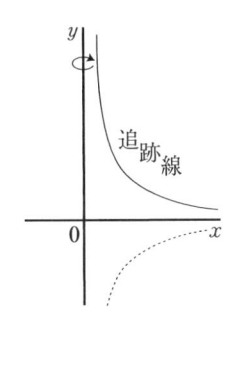

認められるため前述の 5 つの公理が土台として必要であった。しかし，大航海の地球時代で『球面幾何学』を考えると，球面上では平行線が 1 本もないことを発見したが，当時は，このことと第 5 公理とが結びつかなかったのであろう。

『平行線の公理』（第 5 公理）を，平行線は"1 本もない"や"無数にある"におきかえても，理論上問題がないことが数学者の間で認められるには，多くの論争があった。もし，他の公理におきかえた幾何学が存在すると，

　。長い間，厳密で誤りのない『ユークリッド幾何学』は誤りか
　。この三者の中の，いずれが真の幾何学か

などが争点であったのである。たしかに大問題だね。

　やがて，この三者のどれも正しい幾何学であることが 19 世紀に承認されたのである。しかも，地球，宇宙を考えるのには『非ユークリッド幾何学』の方が都合がよい。学問発展の謎を感じる事件であった。」

7 自然界の不規則解明『フラクタル幾何学』
● 自然が"数学の言葉"で書かれている謎 ●

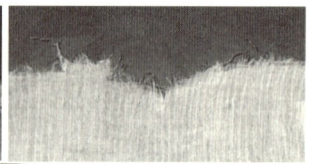

▲サントリーニ島遺跡の壺
▼南フランスの雲
ちぎったボロ布▲
日本・明治神宮の森▼

不規則な形

不規則の中にある規則を探そう

1 古い数学『入子算』の復活

　長い間，数学の研究対象は「規則性のあるもの」であった。

　しかし，17世紀以降は社会の変化に対応して，不確実，不確定なものを対象とした数学がつぎつぎと誕生した。統計，確率や推計学など『社会数学』がそれである。

　20世紀の後半には，コンピュータのもつ超能力を利用して，これまで数学の対象とならなかったものに関心を向けるようになった。

　そして，ついに不規則な形の解明に研究の目を向けるようになったが，それが『フラクタル幾何学』である。このフラクタル（*fractal*）は，*fraction* つまり，破片の意味からつくられた語である。

　これは，アメリカ，ハーバード大学の数学者ベノワ・マンデルブロート教授が，海岸線や山脈や雲の形のような複雑な形態を扱う幾何学として，1970年中項に『フラクタル理論』を提案したのに始まる，最新の図形学である。

　彼は，複雑な形の輪郭線の部分を拡大していくと，"もとの形が『入

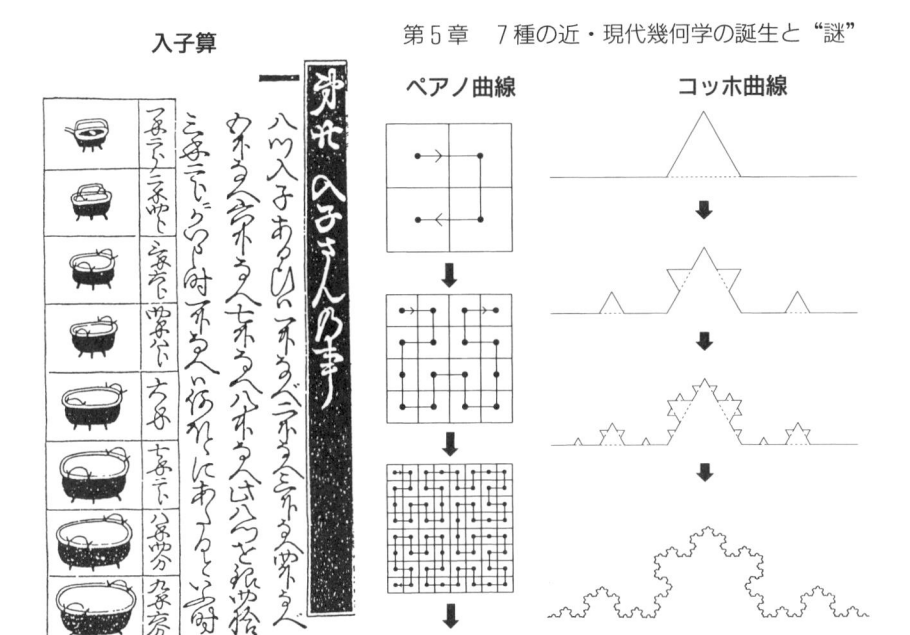

第5章　7種の近・現代幾何学の誕生と"謎"

入子算　　　　　　　ペアノ曲線　　　　コッホ曲線

子形』（自己相似形）にたたみ込まれている"という数学的な構造に着目し，その複雑さの尺度として「フラクタル次元」を考案したが，研究ではコンピュータを駆使し，"コンピュータ・グラフィックス（C.G.）の世界"を開発した。

　この基本である『入子形』とはどのようなものか，を道　志洋博士は，「日本の江戸時代 300 年間，寺子屋などで庶民の数学教科書として広く使用された名著『塵劫記』（吉田光由著）の中に，『入子算』の項がある。いくつもの相似形が，ちょうど親の中に子が入っている形からきた語である。

　現在でも，計量カップや相似形の小皿など台所用品に多いね。

　西欧での発想は，19 世紀イタリアの数学者ペアノが，有名なペアノ曲線で示し，後にドイツの細菌学者コッホがこれを引き継いだ。

　しかし，この"再生の繰り返し"の作業は，人力では知れていて，それ以上の研究成果はあがらなかったが，20 世紀後半に，前述のベノワが超能力のコンピュータを用いて理論を構成したのである」と。

フラクタルな雪

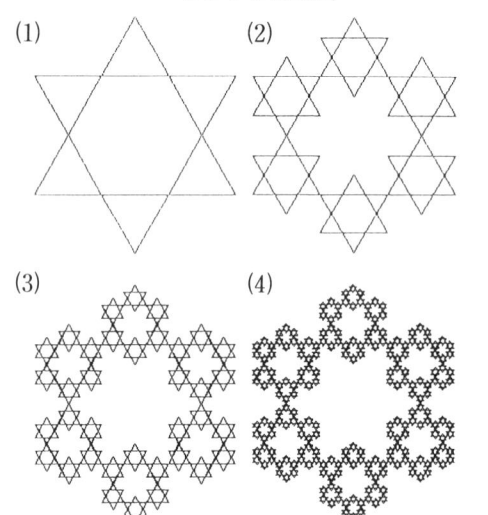

(1) (2)
(3) (4)

---- 研究対象 ----

自然界 海岸線，雲の形，川の蛇行，雪の結晶，山脈(やまなみ)，洪水頻度，太陽の黒点活動，雑音など

生物界 樹木の影，海草紋様，ブラウン運動の軌跡

人間界 建築物，絵画，音楽など美に関するもの

(注) 地震学，天文学，生物学などの広い分野へも応用される。

2　コンピュータ・グラフィックスの世界

　さて，ここで，『フラクタル幾何学』が，研究対象とするものにどのようなものがあるか，また，この学問の応用分野に何があるのか，などについて考えてみよう。

　これをまとめると上のようである。一読してみよう。

　研究対象は，われわれの身近にいくらでも存在しているだけでなく，人工的なものにタイル張り，ジグソーパズル，墨流し，あるいは塵(ちり)の集まり，立体では「手まり」など興味深いものがある。

　日照りでできた乾燥地面の"ヒビ割れ"などもおもしろい。

　一方，このような不規則な現象，事象は，いろいろな学問領域にも見られ，この『フラクタル幾何学』のアイディアが有用になっている。

　現代は，学問の学際化が進められているが，この分野でも，単に"新しい幾何学が誕生した"，というものではなく，上の注にあるように，いろいろの学問と関連があるのである。

　発展しつつある学問として，今後さらに広く応用されるものと思う。

第5章　7種の近・現代幾何学の誕生と"謎"

墨流し

タイル張り

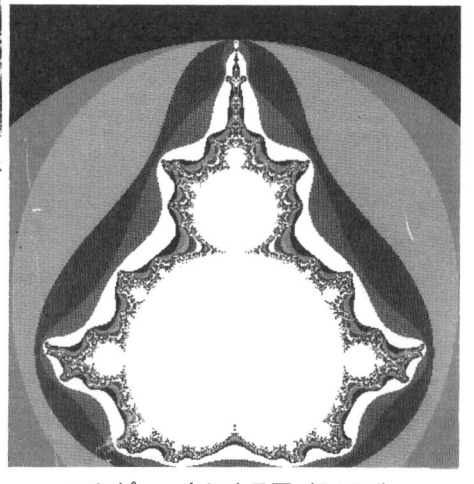

コンピュータによる図（入子形）

　現代では，フラクタル図形を作図するのに，パソコンやコンピュータによる簡単な操作の繰り返しで得られるが，こうした概念や機器のない時代に，芸術家たちが，世の中のフラクタル性を見抜き，それを使った表現をしている。有名なものに，次のようなものがある。

- レオナルド・ダ・ビンチは，水の流れをとらえ，大小の渦巻きの重なりとして大洪水を描く
- 浮世絵師，葛飾北斎（かつしかほくさい）も『富嶽三十六景』の中に大波の砕ける場面
- 尾形光琳（おがたこうりん）の『紅梅白梅図』にある川の流れ
- 浮世絵師，国芳の戯画では人の顔の部分を人の集まりで表現
- エッシャーは魚の鱗（うろこ）が魚でつくられている不思議な絵を描く

などが，まさにフラクタル的なものといえる。

　道　志洋博士は，ロシアの有名な土産物マトリョーシカを示し，次々と中から人形をとり出して，入子状を説明しながら，種々の折りたたみ商品，またやがて来るかもしれない"クローンの世界"など，ニヤリとした。

?謎¿ 七自由科

古代ギリシア盛期の自由人が習得する教育を"自由教育"と称したが、これが後世有名な『七自由科』で、右がその内容である。

古代ギリシアでは、"ポリス（都市国家）的人間"が求められ、この文化を継承した古代ローマでは、"政治的人間"が教育された。

当然、『七自由科』が重視されたが、中でも"文法と修辞"を重んじた。ついで3～13世紀の西欧中世のキリスト教時代になっても、本山神学校、僧院学校、修道院学校などの根幹教育内容として『七自由科』がすえられ、これに『神学』が加えられた。

当時、社会のリーダーであった神官、牧師、神父などがキリスト教流布や説教で、また天文、寺院暦の製作などで、この『七自由科』が不可欠だったのである。

その後、人文主義時代には四科が捨てられ、大航海時代には四科が重視されるなどの変遷があった。

三学 —文系—
- 文法（正確に）
- 修辞（美しく）
- 論理（筋道正しく）

四科 —理系—
- 算術（数の理論）
- 幾何（図形論理）
- 音楽（動く数）
- 天文（動く図形）

（注）算術は『数論』で、計算ではない。

パルテノン神殿（アテネ）

ホロ・ロマーノ（ローマ）

第6章
7書の「世界を動かした」名著

"ある一言"が，1人の人生を大きく変えるように，"1冊の名著"が時代をリードし，後世に大きな影響を与えたナゾ

象形文字・数字には，"宇宙からの手紙"を感じる
――世界最古の文章題，工夫して読んでみよう――▼

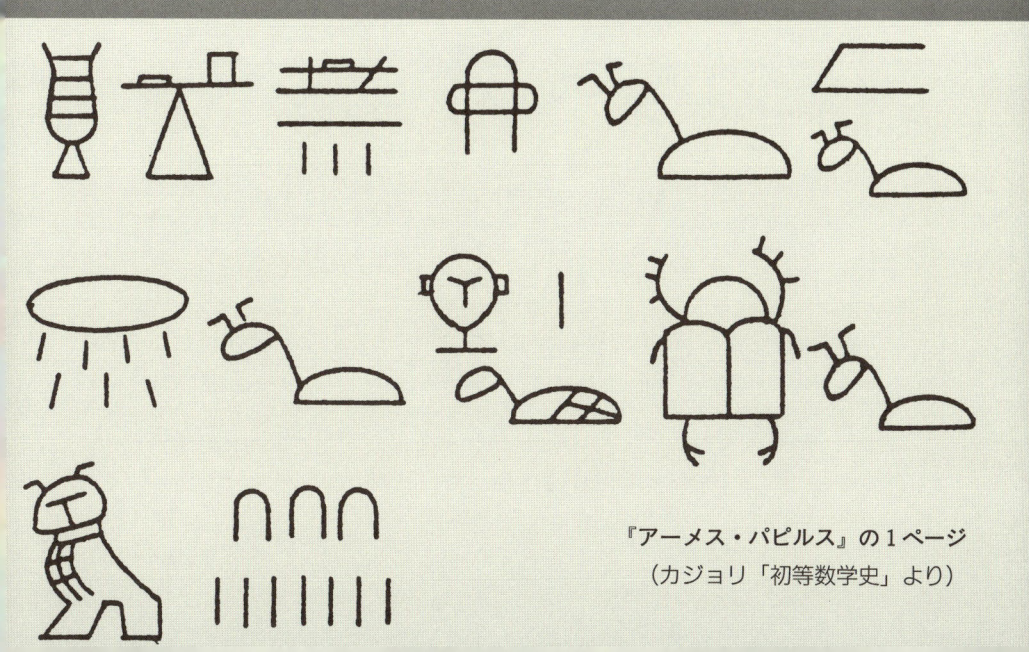

『アーメス・パピルス』の1ページ
（カジョリ「初等数学史」より）

1 世界最古『アーメス・パピルス』
● 紀元前17世紀　エジプト ●

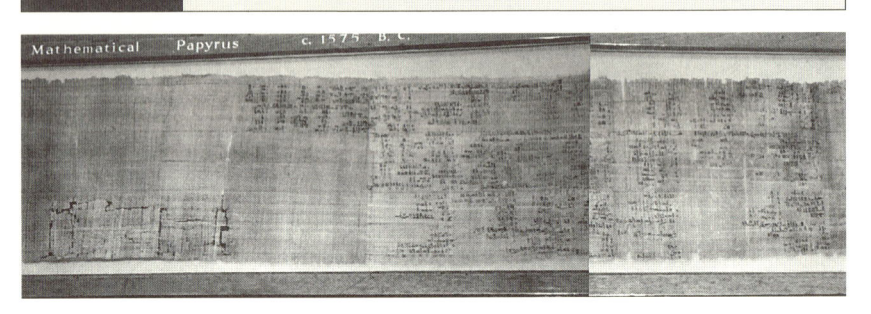

"正確な計算，存在する総ての物および暗黒な総ての物を知識に導く指針。
……この原本南北エジプトの王 Ne-ma'et-Rê 時代に書かれたもののようで，この原本を筆したのは祐筆 A'hmosê である。"（表題文）

1　その時代までの記録書

　古代エジプトについては，第3章第1節"ナカダ"（58，59ページ）で詳しく述べたが，世界最古の実在する数学書『アーメス・パピルス』は，下の古代史で

(1)　紀元前 3150〜2686 年　初期王朝時代（第1，2王朝）　⎫
(2)　紀元前 2986〜2181 年　古王国時代（第3〜6王朝）　　⎬ 研究蓄積
　　　　　　──ピラミッド時代──　　　　　　　　　　　｜
(3)　紀元前 2181〜2040 年　第1中間期（第7〜10王朝）　⎭
(4)　紀元前 2040〜1663 年　中王国時代（第11，12王朝）⎫ ○執筆
　　　　　　──文化・芸術時代──　　　　　　　　　　⎬ ○筆写

つまり，紀元前 1849〜1801 年頃に，その時代までの数学内容を記録した本がつくられ，200年後ぐらいに写字吏のアーメスが書き写した (B.C. 1650 年頃)，ということである。ピラミッド建造の数学レベルを中心として，1000余年間蓄積された数学の集大成ということになる。

第1章　算術	第2節　ヘカトの分割　（例題47）
第1節　分数表	第3節　面積の問題　（例題48〜55）
第2節　基数を10で割る表 　　　　　　　　　（例題1〜6）	第4節　ピラミッドの問題 　　　　　　　　　（例題56〜60）
第3節　ある形の分数の乗法 　　　　　　　　　（例題7〜20）	第3章　雑題
第4節　補数の問題　（例題21〜23）	文章題　　　　　　（例題61〜87）
第5節　'aha'———方程式の問題 　　　　　　　　　（例題24〜29）	〔参考〕 例題58．ピラミッドの高さが $93\frac{1}{3}$ キュービットで底の辺が 140 キュービットであるときその 勾配はいくらか。 （注）1キュービットは手の幅 　　　（1パーム）の7倍
第6節　分数の除法　（例題30〜34）	
第7節　ヘカト（約5ℓ）の分割 　　　　　　　　　（例題35〜38）	
第8節　パンの分配，等差級数 　　　　　　　　　（例題39〜40）	
第2章　幾何	
第1節　体積の問題　（例題41〜46）	

❷　『アーメス・パピルス』の発見と内容

この調査で2度もエジプト探訪をした道　志洋博士に聞いてみよう。

「これは現在，イギリスの大英博物館に，前ページ写真のように公開展示されている。長さ約5.5m，幅33cmの巻紙状のものだが，これについてはいくつかの"謎"を感じるんだ。

"1858年イギリスの考古学者ヘンリー・リンドがテーベ（王家の谷近く）の廃墟で発見"とあるが，パピルスという草が，雑に扱われて1700年も残っているものか，また，不足の一部が後日に見つけ出された，という。これも謎めいているが，それはともかくとして——。

内容は上に示すようなものであり，その特徴は次のようだ。
(1) 実用的で，当時でも難解な分数について計算表が与えられている
(2) 食物や利益の分配，あるいは税の比率など，比や級数が重視
(3) ピラミッド関係ほか，高級な面積，体積問題がある。
と。イヤハヤ，なかなかレベルが高いものだよ。」

2 学問の典型『ユークリッド幾何学』
● 紀元前3世紀　ギリシア ●

―『ユークリッド幾何学』（原論）の内容―

第1巻　三角形の合同など	第11巻　立体幾何
第2巻　幾何学的代数	第12巻　体積論
第3巻　円論	第13巻　正多面体
第4巻　内接・外接多角形	（注）15世紀に，アラビアで，第14，15巻 立体幾何が加えられた。
第6巻　相似論	
第7～9巻　整数論	
第10巻　無理数論	

―土台となるもの―

定義	23個
要請（公理）	5個
共通概念（基本性質）	8個
第1巻の定理	48個

1 "『聖書』につぐベストセラー"

　天までとどくバベルの塔，人工衛星から見える万里の長城，百万人が住む大都市アレキサンドリア，などと同様に世界中広く知られ，よく読まれたものの1つ。販売部数の多さを『聖書』との比較で，上のように表現している。（『聖書』につぐのは『ドン・キホーテ』という説もある。）

　というものの，道　志洋博士はその読者層にやや否定的である。

　「紀元前3世紀に著作されたので，2300年の歴史があるというが，実は紀元4～10世紀の600年間，"実用性のない学問"としてこの世から消えているし，18～19世紀のイギリスの秀才大学生が"ロバの橋"（第5定理）で落ちこぼれ，それより先を学んでいないことから考えて，一般の読者はきわめて少なく，"聖書につぐ"は大げさだ。"聖書ぐらい有名な"にしておこうよ」と。たしかにそのまま学ぶには難解のため，中学・高校の幾何学では，これに手を加えてやさしくし『初等幾何』とか『直観幾何』などの名称で教えている。

第6章　7書の「世界を動かした」名著

その後，数学勉強法の鉄則となった"名言"

王道なし！

謎
1　整数論や無理数論などがあるのに，ナゼ幾何学というのか？
2　"図形の証明"の学問に対して『幾何』とはどういう意味なのか？

（プトレマイオス一世）「もっと らくに学べる 近道はないか」
（ユークリッド）「幾何学に王道はありません！」

❷　後世へ伝えられた"名言"

　ユークリッドは，『アーメス・パピルス』と同じように，紀元前6世紀のターレス（幾何学の開祖）以来300年間に多数の幾何学者の研究を集大成し体系化したもので，『ストイケイア』（原論）と呼んだが，後世『ユークリッド幾何学』となった。上の謎にあるように代数内容もあり，これは正しい名称ではなく，『原論』という方がよいであろう。

　「"謎"といえばそれはむしろ，著者ユークリッドの方にあるよ。」
と道　志洋博士は言う。その理由について，
　「伝説的な話はいくつかあるが，生存について確かな資料がない。また，これほどの大事業を1人でなしうることは，ちょっと不可能である。などの点で，ユークリッドとは個人ではなく集団名ではないかといわれているのだ。

　将来，何かの資料が発見され，これが個人名か集団名かについての結論が下されるであろう。それまで生きていたいネ。」

3 百科事典的『九章算術』
● 紀元1年　中国 ●

中国で"九"は皇帝の数

皇帝の門の鋲

『九章算術』の章と内容
- 第1章　方田（田畑の面積計算）
- 第2章　粟米（穀物，貨物の計算）
- 第3章　衰分(き)（比や比例，比例配分）
- 第4章　少広（開平，開立，平方根，立方根）
- 第5章　商功（土木工事，立体の体積）
- 第6章　均輸（租税，輸送）
- 第7章　盈(えい)不足（過不足算）
- 第8章　方程（連立方程式など）次頁
- 第9章　勾股(こうこ)（三平方の定理と応用）次頁

1　古代中国が"九"にこだわる理由

　中国数学の伝統は，第3章第5節（74ページ以降）で述べたが，記録の最古は，紀元前11世紀末の周王朝の『六芸』にある「九数」（ここに九章がある）で，以後中国では"九章"の名のついた名著が数々著作されている。中でも上の『九章算術』は，その内容からわかるように，百科事典的性格をもち，しかも後世に延々と大きな影響を与えただけでなく，江戸時代の庶民向け名著『塵劫記』（144ページ）のモデル（直接的には16世紀の『算法統宗』）となっている。

　中国で，"九"が皇帝の数といわれる理由について道　志洋博士は言う。

　「数では，1〜9を基数というが，この中で最大のものが9だからだ。上のように門の鋲(びょう)のほか，祭事をおこなう広場などの敷石が同心円になっていて，中心の1の周囲が9, 18, 36, ……と9の倍数でできている。

　数学は学問の中でも重要視されたので，『九数』『九章』とこだわり，暦も9月9日を"重陽(ちょうよう)の日"と意味をもたせたようだ。」

第6章　7書の「世界を動かした」名著

―― 幾何の語源 ――
図形の証明の学問名をエジプトの測量術からギリシアで $\gamma\varepsilon\omega-\mu\varepsilon\tau\rho\iota\alpha$ とし，
英語　geo － metry
　　　(土地) (測る)
　　　　　⇩
中国　幾何（面積いくらか）
日本　そのまま輸入

九章算術巻第八

方程　以御錯糅正負

〔一〕今有上禾三乗，中禾二乗，下禾一乗，實三十九斗。上禾二乗，中禾三乗，下禾一乗，實三十四斗。上禾一乗，中禾二乗，下禾三乗，實二十六斗。問上，中，下禾實一乗各幾何？

答曰：
上禾一乗，九斗，四分斗之一，
中禾一乗，四斗，四分斗之一，
下禾一乗，二斗，四分斗之三。

「方程式を解く」と平気で使うが，ナント！2000年前の中国語なんだよ。

弦　句（勾）
股
コーコだよ

❷　名著「九章算術」の著者は不明

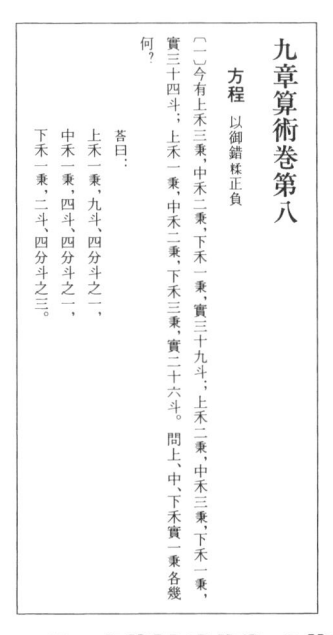

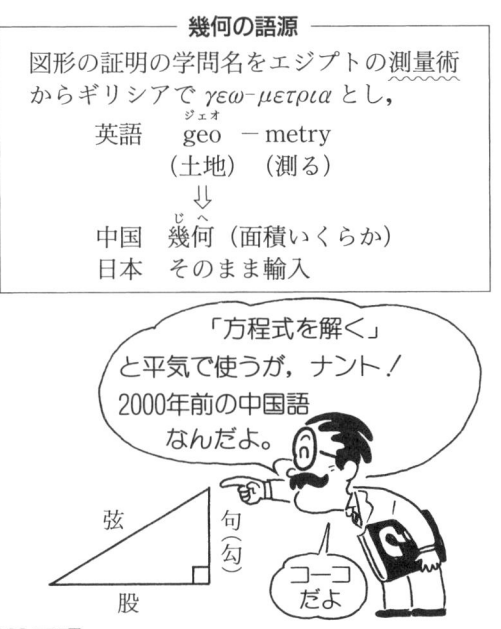

・エジプトの『アーメス・パピルス』は原本執筆者不明。"写字吏"判明
・ギリシアの『原論』の著者はユークリッド，しかし生存不明
・中国の『九章算術』の著者不明。魏の劉徽（3世紀半）の注釈書

というわけで，古いがゆえに詳細なことがあまり明らかでない。

しかし，その時代までの研究成果を体系的にまとめた点では共通性がある。『九章算術』では，日常の必要と各種職業向けの知識を，豊富で多様な問題で，易から難へと展開されているのが特徴であるが，上に示すように"答"が与えられているだけで理論に欠けている。

この東洋を代表する数学書が，西洋，特にギリシアの数学より劣る点は"論証"の要素がないことである。古代中国では，古代ギリシアとほぼ同時期(B.C.6～B.C.2世紀)に『論理』が諸子百家らによって発達したが，数学の構成にほとんど影響しなかったのは，民族性の違いというだけでは片付けられない"謎"。

4 代数の初期代表書『アールヤパティーヤ』
● 紀元6世紀 インド ●

インドの代表的数学者と著書

6世紀　アールヤパタ
　『アールヤパティーヤ』　（球面三角法，級数
　　　　　　　　　　　　　方程式，不定方程式）
7世紀　ブラフマーグプタ
　『ブラフマー・スプタ・　（平面図形，負の数の規則
　　シッダーンタ』　　　　二次方程式，測定）
9世紀　マハーヴィーラ
　『ガリタ・サラ・サングラハ』（0に関する演算規則，
　　　　　　　　　　　　　　虚数，方程式，球）
12世紀　バースカラ
　『シッダーンタ・シロマニ』（天文学，二次方程式
　　　　　　　　　　　　　無理数，無限大）

古代文化民族の中には，記録のないものがある。アノ，高度な文化を築いたインカでは"数字"をもっていない。

1 初期は口伝によるため記録なし

インドは古い伝統文化をもっているが，王朝がしばしば変わることと，口伝を主としていたため記録がきわめて少ないことから，古代の数学についてあまり知られていない。

古くから数学界は5大学派と2大分野があり，その分野では

(1) 『パーティー・ガニタ』（書板数学）暗算，指算ではなく，"書板"で計算。書板とは砂をまいた板の上でやる計算をいう。

(2) 『ビージャ・ガニタ』（種子数学）未知数に文字を用いる方程式論があり，いずれも代数である。"ガニタ"とは広く科学についての語。

インド数学の最盛期は，天下統一をしたグプタ王朝時代で，これは5～12世紀であり，後期には相当高度の数学研究がある。

戦争で数学が誕生するが，発展はやはり長い平和時である。

特に，0と負の数の計算規則は，15世紀以降の西欧数学に対し，アラビアを通して大きな貢献をしている。

第6章　7書の「世界を動かした」名著

―――『アールヤパティーヤ』の内容―――

1　基本演算	⑽　円周率	3　量数学
⑴　ブラフマー	⑾　半弦値	㉓　2数の積
⑵　位取り	⑿　半弦値(級数)	㉔　乗法と被乗法
⑶　平方・立方	⒀　作図	㉕　利息
⑷　平方根	⒁　影円	㉖　三量法
⑸　立方根	⒂　シャンク(日時計)①	㉗　分数三量法
2　図形数学	⒃　シャンク②	㉘　逆算法
⑹　三角形の面積	⒄　三平方	㉙　多元一次方程式
三角錐の体積	半弦と矢	㉚　一元一次方程式
⑺　円と球	⒅　食分(2つの円)	㉛　会合時間
⑻　台形	⒆ 　　　　数列	㉜ ⎱ クッタカ
⑼　一般図形の面積	〜㉒	㉝ ⎰ (一次不定方程式)
内接正六角形	(注)　この行は三角法	

❷　インド数学は天文学と一体

　紀元6世紀のインド数学のレベルは上のようであり，詳しく内容をみると「代数の民族といいながら図形内容が半分もあるじゃあないか！」といいたくなる。これについて道　志洋博士は次のように説明する。
　「インドでは，数学者が天文学者を兼ねていたのが特徴だ。
　アールヤパタも天文学者を兼ねていたので，彼の本の内容で図形数学とあるが，その目的は天文学に不可欠の"三角法"の土台としての図形であって図形そのものを扱っているわけではない。
　この本では，そのほか，三量法（比の三用法），逆算法，不定方程式など後世に影響を残している内容が多く，重要な本といえるよ。」
　西欧には『インドの問題』と呼ばれるパズル系の数学問題があるが，これは機知に富み，ユーモアがあり，楽しいインド伝来の文章題に対し，尊敬を込めて名付けられたという。
　インド数学は『文章題』の発祥地ともいえるのである。

5 移項法開幕
『al-gebr wál mukābala』
● 紀元9世紀　アラビア ●

アラビア略史
- 570年　教祖マホメット生まれる
- 630年　メッカを占領
- 632年　アラビア半島統一
- 635〜641年　（ダマスカス, エルサレム, アレキサンドリアなど征服）
- 661〜750年　「ウマイヤ朝」成立
  - 756〜1236年　西カリフ国（カスティーリャにより滅亡）
  - 750〜1258年　東カリフ国（モンゴルにより滅亡）

著名数学者（8〜11世紀）
- アル・フワーリズミー　天文学者, ギリシア, インド数学書翻訳
- サービト・イブン・クッラ　天文学, 数学, ギリシア数学の翻訳
- アル・バッタニー　最大の天文学者, 三角法への業績
- アル・カルヒー　算術, 代数の著作
- イブン・アル・ハイサム　数学, 天文学, 医学
- オマル・ハイヤーム　天文学, 三次方程式

1　右手に剣。左手にコーラン!!

上は有名な言葉である。

6世紀に誕生したイスラム教は，敵に対して「死か改宗か」を意味するこの言葉——実際は征服されたあと貢納すればよかったという——で，8世紀には西はスペインのピレネー山脈から東はインドのインダス河まで征服し，広大な領土を手にした。そして9〜12世紀の黄金時代を築いた。この民族はもともと遊牧・騎馬民族かつ"商業民族"であったので，東西の物質，文化を広く吸収，同化していった。

数学についても例外ではなく，古代ギリシアの幾何学，古代インドの代数学という対立的な内容をも翻訳本を出し，広く学ばれた。

紀元4世紀にこの世から消えた『ユークリッド幾何学』を復元させたが，東洋系民族のためか，幾何学の方面の発展はあまりない。一方，代数方面には，学界への貢献度が大きい。

その代表的人物が，上記のアル・フワーリズミーである。

第6章　7書の「世界を動かした」名著

"商売の民族"アラビア人

秤は欠かせない

ソウダ!!
上皿天秤の考えを使おう

ピカッ!

アル・フワーリズミー（9世紀）

古典解法の「仮定法」と「移項法」との違い

（例）
> 1冊400円のノートを何冊か買い，150円のサインペンを買ったら2950円だった。何冊買ったか。

〔仮定法〕　いま仮に6冊買ったとすると
400円×6＋150円＝2550円
8冊とすると
400円×8＋150円＝3350円
この過不足から，7冊

〔移項法〕　x冊買ったとすると，
$400 \times x + 150 = 2950$
移項し，これを解いて
$x = 7$　7冊

❷ 「アルゴリズム」（算法）は数学者名のなまり

アル・フワーリズミーは，独創的な名著『*al-gebr wâl mukābala*』を著作したが，これが画期的であったのは，それまで方程式の解法はどの民族においても「仮定法」という試行錯誤によったものを，彼は機械的に解く「移項法」を考案した点である。

ただ，その発想については"謎"なのである。

道　志洋博士の想像では，アラビア商人が商取引き上，常時使用する"上皿天秤"に目をつけ「等号の両辺」という考えと結びつけたのではないかという。

この機械的算法は今日"アルゴリズム"と呼ばれるが，この名称は彼の名がなまったものであり，『代数』algebraの語は，書名の頭の部分からのもので，まさに，9世紀の彼が現代の代数の基礎を築いた，といえる。

もし彼が，現代のコンピュータ時代を見たら，自分のアイディアがこのような形で社会に貢献していることに驚くであろう。

6 筆算書最初本『Liber Abaci』
● 紀元13世紀　イタリア ●

フィボナッチ（1180～1250）
―ピサのレオナルドと呼ばれた―

1　"商人"は物資と共に文化も輸入する

　古来，商人と呼ばれる人たちは進取の気性と強力な欲望と先見性豊かな感性をもっている人が多く，商売，通商を通し，物資のほか文化をも，自国にもち込んでいる。

　イタリアのピサ生まれのフィボナッチもそうした商人で，若い頃から父の商人に従って，エジプト，シリア，ビザンチン（トルコ），シシリアなどを旅し，その合間に数学の勉強をした。

　当時の計算は"アバクス"という算盤のようなものによっていたが，アラビアにおける数字と筆算方法が優れていることを知り，本を書いてイタリア商人に紹介することにしたのである。

　ときは，ピサ，ベネチア，ジェノバの海運都市が十字軍をエルサレムへと輸送に協力していて，それにより莫大な金額が動き，経済活動が盛んで，当然，商業計算の能率向上が求められていたのであった。

（注）フィボナッチとは「ボナッチの息子」の意味。

142

第6章　7書の「世界を動かした」名著

```
┌─『計算書』の目次─┐
 1 インドーアラビア数字
   の読み方と書き方
 2 整数のかけ算
 3 整数のたし算
 4 整数のひき算
 5 整数のわり算
 6 整数と分数とのかけ算
 7 分数と他の計算
 8 比例（貨物の価格）
 9 両替（品物の売買）
10 合資算
11 混合算
12 問題の解法（フィボナッチ数列）
13 仮定法
14 平方と平方根
15 幾何と代数
```

フィボナッチ数列の例

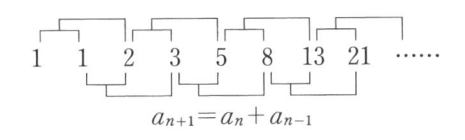

1　1　2　3　5　8　13　21　……

$a_{n+1} = a_n + a_{n-1}$

(例1)　松ボックリ，パイナップルの傘の並び，ある種の木の葉の出方

(例2)　「兎の1対が毎月1対を生み，生まれてから1カ月過ぎると子が生める対になる。兎は死なないとして，1対から1年間に何対生まれるか」

$1+2+3+5+8+13+21+34+55+89+144+233+377=985$

<u>985 対</u>

2　計算法の改善は時代が求める

　社会が要求する能率的計算法！　「アバクス」計算で手間取っていた時代，まさに，ドンピシャリで彼の本が発刊されたのである。

　初刊本はアル・フワーリズミーのものを真似(まね)た『Algebra et almuchabala』（1202年）であったが，その後，名著『Liber Abaci』（1228年）を出版し，大好評を得ただけでなく，それから600年間，西欧の多数の人々に読み続けられたのである。

　Abaci とは元来「アバクス」の複数語で，算盤のことであったが，やがて広く計算のことをさすようになった。上記本は上の目次からわかるように，筆算の本なのである。

　第12章「問題の解法」の中に，後世有名なフィボナッチ数列がある。これは前2項の和でできている数列で，ひまわりの種の並びなど自然界に多く見られるもの，また第13章の仮定法は前項で説明したもの，である。

　道　志洋博士も発刊後600年も長く読み続けられる本を執筆したいと。

143

7 日本独自創案書『塵劫記』
● 紀元17世紀　日本 ●

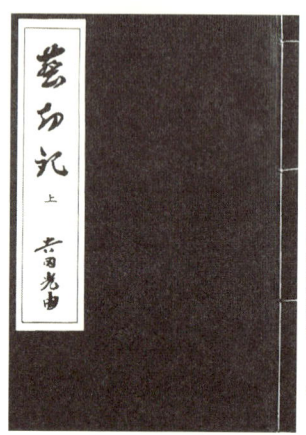

京都嵯峨野「二尊院」
—門の傍に『塵劫記』の碑がある—

「天龍寺」
—『塵劫記』の書名をつけた僧がいた—

1　貧乏数学者が本の出版？

　和算開祖の毛利重能（78ページ）の高弟吉田光由は，寛永20年（1643年）に，大型3巻本——現在，復刻本がある——を刊行した。

　道　志洋博士は，この復刻本をもっているが，これについては長い間，大きな疑問をもち続けた，という。その"謎"を聞いてみよう。

　「現代はワープロやパソコンで，すぐ紙上に文字が出せるだろう。しかし，10年も前は，印刷工場で1つ1つの活字を拾って組んでいた。だから1冊の本ができるまで大変な手間がかかったものだ。ところが江戸時代ともなると，版木に1文字1文字を刻み，年賀状の版画のようにその上に紙をのせて刷るという時間，手間，費用をかけたのだ。だから1冊の本を出すには，相当お金のある人でなくてはできない。ところが『塵劫記』は，上，中，下，3巻の版木約130枚，しかも色刷りであり，版木は400～500枚で刷り減り使えなくなる。ふつう貧乏といわれる数学者に，ナゼこの大仕事ができたのか？」

第6章 7書の「世界を動かした」名著

『塵劫記』著者　吉田光由の家系

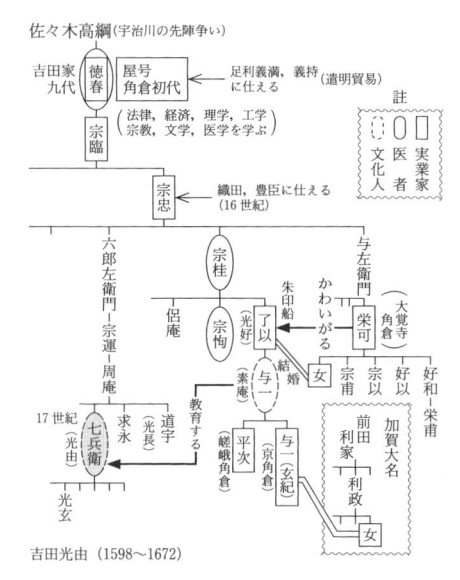

佐々木高綱（宇治川の先陣争い）

吉田家九代　徳春　屋号角倉初代 ─ 足利義満,義持に仕える（遣明貿易）
　　　　　　｜
　　　　　　宗臨（法律,経済,理学,工学,宗教,文学,医学を学ぶ）

註
○○○
文化人　医者　実業家

宗忠 ─ 織田,豊臣に仕える（16世紀）

六郎左衛門─宗運─周庵
　｜
　侶庵　宗桲　朱印船（光好）　与左衛門　栄可（大覚寺）
　　　　宗恂　　　　　　　　　かわいがる　　　　　　
　　　　　　　結婚　　　　　　女　宗甫　好和・栄甫
　　　　　　　　　　　　素庵　宗以　好以

17世紀（光由）
求永　道字（光長）
七兵衛 ←教育する─ 与一（玄紀）（京角倉）　前田利家・利政
　　　　　　　　　　平次　　加賀大名　　女
　　　　　　　　　　嵯峨角倉
光玄

吉田光由（1598〜1672）

2　著者の家系が謎を解く

吉田光由の家系を調べていくうち,大金を投じられる理由がわかった。

上の系図のように,代々の大財閥で,参考にした中国名著『算法統宗』は親戚で御朱印船をもつ角倉了以が運び,息子の学者素庵が彼にこれで数学を教えたのである。

また,書名は,天龍寺の僧舜岳玄光が序文で「これを名づけて塵劫記という。けだし,塵劫来事,絲毫も隔てずの句にもとづく」と。

"塵劫たっても少しも変わらない真理"の書である,からという。

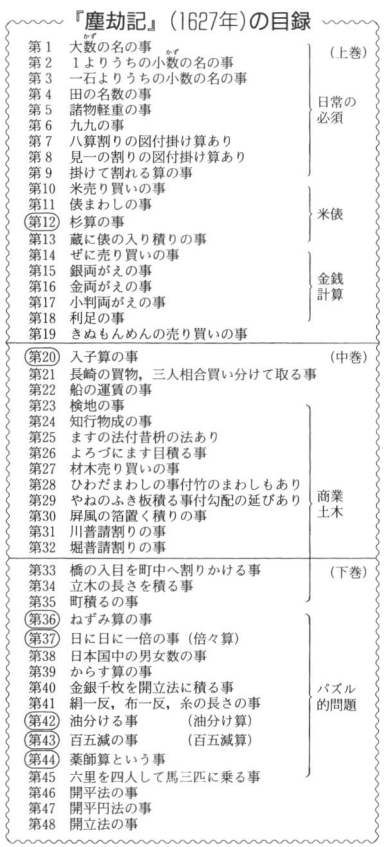

『塵劫記』(1627年)の目録

第1	大数の名の事	(上巻)
第2	1よりうちの小数の名の事	
第3	一石よりうちの小数の名の事	日常の必須
第4	田の名数の事	
第5	諸物軽重の事	
第6	九九の事	
第7	八算割りの図付掛け算あり	
第8	見一の割りの図付掛け算あり	
第9	掛けて割れる算の事	
第10	米売り買いの事	米俵
第11	俵まわしの事	
㉒第12	杉算の事	
第13	蔵に俵の入り積りの事	
第14	ぜに売り買いの事	金銭計算
第15	銀両がえの事	
第16	金両がえの事	
第17	小判両がえの事	
第18	利足の事	
第19	きぬもんめんの売り買いの事	
㉒第20	入子算の事	(中巻)
第21	長崎の買物,三人相合買い分けて取る事	
第22	船の運賃の事	
第23	検地の事	
第24	知行物成の事	
第25	ますの法付昔枡の法あり	
第26	よろづにして目積る事	
第27	材木売り買いの事	
第28	ひねだまわしの事付竹のまわしもあり	商業土木
第29	やねのふき板積る事付勾配の延びあり	
第30	屏風の落置く積りの事	
第31	川普請割りの事	
第32	堀普請割りの事	
第33	橋の入目を町中へ割りかける事	(下巻)
第34	立木の長さを積る事	
第35	町積るの事	
㉞第36	ねずみ算の事	
㉞第37	日に日に一倍の事（倍々算）	
第38	日本国中の男女数の事	
第39	からす算の事	パズル的問題
第40	金銀千枚を開立法に積る事	
第41	絹一反,布一反,糸の長さの事	
㊷第42	油分ける事　　（油分け算）	
㊸第43	百五減の事　　（百五減算）	
㊹第44	薬師算という事	
第45	六里を四人して馬三匹に乗る事	
第46	開平法の事	
第47	開平円法の事	
第48	開立法の事	

日本独特の「○○算」（30位ある）の原典がここにあるヨ

パズルがあるのがうれしいネ

鶴亀算,旅人算,時計算,流水算,植木算,相当算,過不足算,……

?謎¿ 7人の老女物語——積算——

アノ，『アーメス・パピルス』（132ページ）の例題79をヒントとして『Liber Abaci』（142ページ）に，次のような問題がある。

「7人の老女が，メンヒスへと出掛けたが，それぞれ7頭のロバをつれていた。そのロバにはそれぞれ7個の袋が積まれ，それぞれの袋には7個のパンがあり，それぞれのパンには7本のナイフがついていた。また，各ナイフには7本のさやがある。

メンヒスに行った総数を求めよ」

さて，日本の有名な童謡に『7つの子』（野口雨情作詞）があり，それは次のような詩である。

♪カ～ラ～ス　なぜ鳴くの
　カラスは山に——
　かわいい7つの子があるからよ——♪

前述の『塵劫記』には，その烏(からす)をテーマとした「烏算」というものがある。

「烏999羽が999浦で，1羽の烏が999回ずつ鳴くとき，その声数合わせていくつか」

この種の問題を積算(つもりざん)といい，古代から数々の問題が考案されている。

近世西欧の改作問題

As I was going to St. Ives,
I met a man with seven wives,
Every wife had seven sacks;
Every sack had seven cats;
Every cat had seven kids;
Every cats, sacks, and wives,
How many were there going to St. Ives?

やさしい英文だろう。『マザー・グース』からだ。

（注）
wife　婦人
sack　袋
cat　猫
kid　小猫

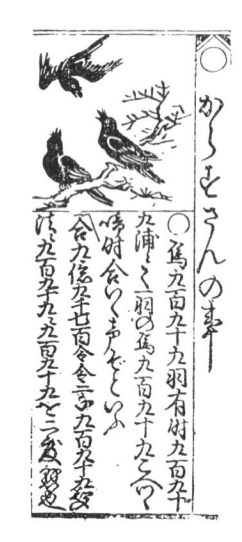

答　997,002,999声

第7章

7題の有名
難問・奇問に挑む！

人間は"知的遊び"をし，それを競う動物である。
同型のパズルが「遠くはなれた世界各地の人々」から挑戦されたり，楽しまれたりするのは，「偶然の一致か，伝播（でんぱ）か」のナゾ

日本での「数字の使い方」はナント巧妙！
——2か二か貮か——▼

0 『零和ゲーム』の珍

- オペレーションズ・リサーチ
- （作戦計画，O.R. と略す）
- 〔内容〕
  - 線形計画法
  - 窓口の理論（待ち行列）
  - **ゲームの理論**
  - ネット・ワークの理論
  - パート法　　　など

ゲームの理論の適用例：
- 碁，将棋，マージャンの作戦
- 各種スポーツの試合運び
- 同業会社の販売合戦
- 競争入札競売のかけひき
- 買い占め売りおしみ
- 会社の社員の健康管理
- 生産と在庫のバランス
- 鉄道会社のレール交換期間

（注）コンピュータによるシミュレーションを行う。

1　第2次世界大戦の産物の1つ

"戦争"に関連して誕生した数学は，数々ある。

城塞設計，弾道研究，距離測定，暗号解読，……

去る第2次世界大戦においてもまた例外ではなく，しかも大変画期的・革命的な数学が誕生した。これは，

- イギリスにおけるドイツのUボートによる攻撃の防衛と破壊の方策
- アメリカにおける日本の特攻機（一機一艦攻撃）に対する対応策

などを得るために，研究集団『科学チーム』がおこなった"オペレーションズ・リサーチ"である。（詳しくは，拙著『第2次世界大戦で数学しよう』黎明書房参照）この集団は米英とも，ほとんど軍人が入っていず，いわゆる素人が膨大な量のデータ分析から結論を求め，対処方法を考案したものであった。数学上では統計・確率などが駆使されたのである。

1945年の終戦後，これらの研究は平和時にも十分有用であることがわかり，現在，上例のように社会のあらゆる領域，分野で使用されている。

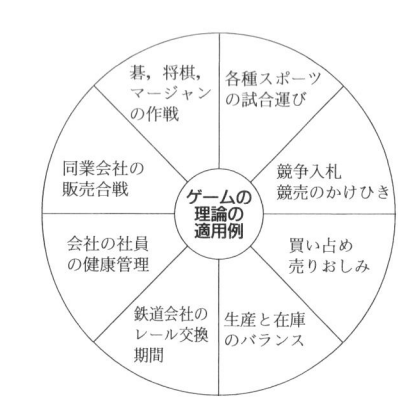

第7章　7題の有名難問・奇問に挑む！

『零和ゲーム』の対策と例

〔対策〕

相手の行動中，自分にふりかかる最悪の事態を数えあげ，その中からなるべく有利なものを選ぶ方法をとる。

つまり，最悪の中の最良のものを選ぶ。

ただし，両者の和がつねに0というもの。

(注) オペレーションズ・リサーチはその大目的が
　　"最少の努力で最大の効果"
　を求めるものである。

〔具体例〕

2人の丁半

「このサイコロが丁なら千円もらうが，半ならやるヨ」

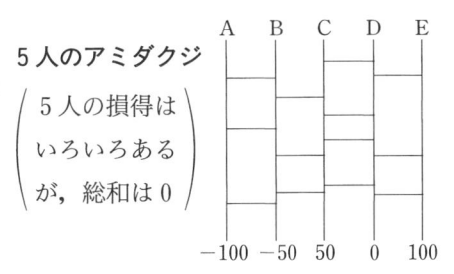

5人のアミダクジ

（5人の損得はいろいろあるが，総和は0）

-100　-50　50　0　100

2　利害が対立するゲーム

オペレーションズ・リサーチの中の1つに『ゲームの理論』（前ページ）がある。これは言葉が示すように"ゲーム"についての勝敗分析，対策法の理論で，きわめて身近な数学といえる。

この中で『零和ゲーム』は，相手が利益を得た分，自分が損するという，最も単純なゲームであり，利益と損失の和が丁度0のもの。

上の具体例を参考にしながら，別の例を考えてみよう。

零和ゲームに対して『非零和ゲーム』というものがある。代表的な例に『囚人のジレンマ』（正しくは，容疑者2人のかけひき）があり，これは，警察の取り調べに対して容疑者が互いに，「自分に有利になり，かつ相手にもよく」というジレンマについてのものである。が，一方だけ得をしたり，双方損をしたり，ということが起きてくる。

質問0　アミダクジでは，あるところにいくつか集まることなく，みな別々なところにいきつく（1対1に対応），のはナゼかを説明せよ。

1　"一般解"の限界

数学用語　一般　→解／角／項／形／…

(一般の四角形) → (特殊な四角形) 正方形／長方形／ひし形／平行四辺形

どこにでもあるのが"一般"か？

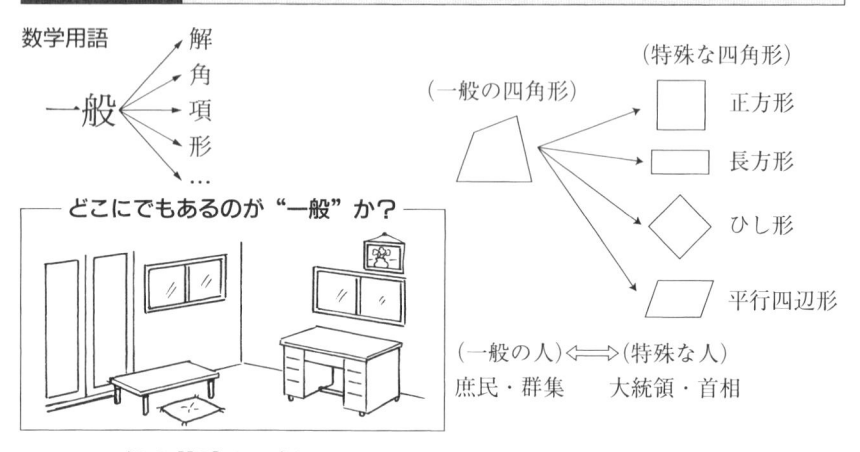

(一般の人)⇔(特殊な人)
庶民・群集　　大統領・首相

1　一般と特殊の関係

　数学で使う多数の"用語"の中には，日常語と逆の意味，異なる意味に用いられているものがあり，ときにそれが原因で数学嫌いをつくるもとになっていることもある。たとえば次のような用語である。

　ねじれ，少なくとも，求める（1つではなくすべて），平均，デタラメ

　"一般"の用語もその代表例で，子どもに「一般の四角形とはどんな形？」と聞くと，身近にたくさん見られる正方形，長方形などをあげる。

　(一般)＝(どこにでもある)という解釈によるものであろう。

　数学では，特に論証において，"一般"は重要な考えである。

　(奇数)＋(奇数)＝(偶数)の証明を，一般の奇数 $2n-1$，$2n+1$ を用い $(2n-1)+(2n+1)=4n$ として，無限の奇数を一般形で処理してしまうことができる。

　このように"一般"によると，無限のことが1つで代表されて済む，という大変有用性があるのである。

第7章　7題の有名難問・奇問に挑む！

方程式と一般解（$a \neq 0$）

一次方程式　$ax+b=0$　　　$x=-\dfrac{b}{a}$

二次方程式　$ax^2+bx+c=0$　　$x=\dfrac{-b\pm\sqrt{b^2-4ac}}{2a}$

三次方程式　$ax^3+bx^2+cx+d=0$ ⎫
四次方程式　$ax^4+bx^3+cx^2+dx+e=0$ ⎬ 大変複雑，難解のため略す
五次方程式　$ax^5+bx^4+cx^3+dx^2+ex+d=0$ ⎭

　　　　　　代数的解法による一般解はない ⟹ この研究から『群論』が生まれる

「代数的解法」とは，加減乗除それに累乗根の5つの演算を有限回使用して解を得る方法。

2　一般解という公式

「もし，一般解をもっていなかったら……」

　三次，四次方程式の解法に挑戦したのは16世紀のイタリアの数学者フェッロ，カルダノ，タルタリア，フェッラリ，フロリドゥスたちで，彼らによる「数学公開試合」が"競争"という方法で，大いに研究向上につながった。

　試合では，双方から30題ずつ出題し，50日以内に多く解いた者を勝ちとするものである。「タルタリアとフロリドゥスの試合」では，三次方程式の一般解をもっていたタルタリアは2時間以内に解き終えたのに，一般解をもっていなかったフロリドゥスは1題も解けなかった。

　"数学の世界"では，これほどアザヤカな差が出てしまうものである。

　五次方程式は19世紀若いアーベルとガロアがこれに挑み，『群論』を創案した。

　質問1　二次方程式 $x^2+ax-b^2=0$ を右の図を利用して解け。（ヒント）PQ・PR＝PA²

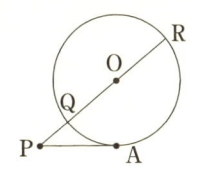

2 『二分法』の真偽

古代難問・奇問の代表

古代ギリシア
『ツェノンの逆説』の中の1つ
<u>命題2</u>「立つ位置からその先に行くのに，中点があり，その中点までに中点がある。つまり無限の点があるので，その先に行けない」

古代中国
荘子著『荘子』の「天下編」の中の1つ
<u>命題21</u>「1尺のムチ，日々その半ばをとれば万世尽きず」

ABの間には無限の点が並んでいるので，ドアまでに無限の時間がかかる。

（吹き出し）もうずいぶん歩いているのにー。まだドアまで行けない

1 わかるが，わからぬ理論

ツェノン（ゼノン）は，紀元前460年ごろの古代ギリシアの哲学者で，"弁証法の祖"とされ，彼は次の4つの逆説を提出して有名になった。

　1　アキレスと亀　　2　二分法　　3　飛矢不動　　4　競技場

（詳しくは拙著『ピラミッドで数学しよう』黎明書房参照）

一方，荘子は，紀元前350年ごろの古代中国の思想家である。諸子百家の中の孔孟の"儒家"と対立した"道家"の代表者の1人である。彼は有名な「天下編」（命題21事）を残している。

さて，改めて，この『二分法』について考えてみよう。

(1)　東西，ほぼ同時期に，このパラドクスが提出された不思議

(2)　内容が，"もっとも"と思われるのに現実と合わない不思議

(3)　いずれも『論理学』がほぼ完成された後，登場した不思議

ギリシアでは，『ツェノンの逆説』が後世の数学の発達に大きな影響を与えたのに対し，中国では関係なし，という違いがあった。

第7章　7題の有名難問・奇問に挑む！

二分法（別のもの）

『ワイヤストラス——ボルツァノの定理』
「有界な実数の無限集合はつねに少なくとも1つの集積点をもつ」

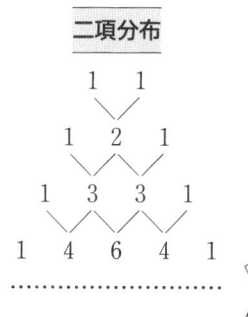

---- **"二"のつく用語** ----

二進法　　　　　　　　二等分線
二乗根　$\sqrt{a}$　　　　二等辺三角形
二乗比　$y=ax^2$　　　二次曲線
二項定理（右下）　　　二次曲面
二項分布（左下）　　　二律背反
二倍角の公式　　　　　（パラドクス）
（例　$\sin 2\alpha = 2\sin\alpha\cos\alpha$）

二項分布

```
    1   1
   1  2  1
  1  3  3  1
 1  4  6  4  1
```

二項定理　$(a+b)^n$ の展開

（例）$n=4$ のとき

$(a+b)^4 = 1\,a^4 + 4\,a^3b + 6\,a^2b^2 + 4\,ab^3 + 1\,b^4$

← 係数をとると

2　一があって二がない例はない

「一富士二鷹三なすび，島の初めは淡路島，ものの初めが一ならば，一があって二がない例はないよ，オ立チ合イ!!」（野師の口上より）

有名なタタキ売りの名せりふであるが，ここでは一についで二を。

"二"のつく数学用語は上に示すように数々ある。さて，1，2，3，……と，1から1を順に加えるナダラカな上り坂のように見えるが，1と2との間には大きな扱いの違いがある。これは1つの"謎"。例，

○ $1a$ は a，あとは $2a$，$3a$。同様に a^1 は1を書かず a^2 は2を書く

○ 一次関数のグラフは直線だが，二次関数からは曲線

○ 1を何回掛けても何回割っても1で変化ないが，2以上では変わる

など。なにか，ものの初めは1ではなく，2のように思われてくる。"二"という数を，こうした視点から見てみるのも興味深いものである。

|質問2|　「1+1=2はナゼか？」は古くから問われた易しい難問である。人からこれを聞かれたとき，どう答えたらよいか。

3 三等分の不思議

図形の三等分

1　線分

(作図)　可能

(注) 任意の半直線 AX に，長さの等しい3点 P, Q, R をとる。

2　角

(作図)
定木，コンパスでは不可能
三等分器あり

3　長方形

点Pからの直線で三等分

(作図)
可能，不可能？

1　可能，不可能の三等分

20 cm の長さのひもを三等分するとき，計算上では 6.66666…… cm と無限で正確な三等分は不可能なのに，上のような作図によれば，正確に三等分できる。これは，「計算ではできないのに，作図ではできる」という不思議，の代表例．

同じ三等分でも，"角の三等分"となると，作図で不可能，器具で可能，という逆である。"任意の角の三等分"は紀元前4世紀ごろつくられた『作図三大難問』の1つで19世紀まで，多くの人々が作図に挑戦したが，誰1人できなかった。

——これは三次方程式の問題におきかえられ，「定木，コンパスでは二次方程式までしか解けない」ことを示して，作図不可能を証明した——

一方，三等分の器具は，上記のもののほかいろいろ工夫されている。

さて，上のような長方形を，点Pを通る直線で三等分することは可能か不可能か？

三数法

三量法，三用法ともいう。

> (1) A÷B＝C　比の第1用法
> (2) B×C＝A　比の第2用法
> (3) A÷C＝B　比の第3用法

(例) $\begin{cases} A & 割引き金額 & 20円 \\ B & 定価 & 1000円 \\ C & 割引き率 & 2\% \end{cases}$

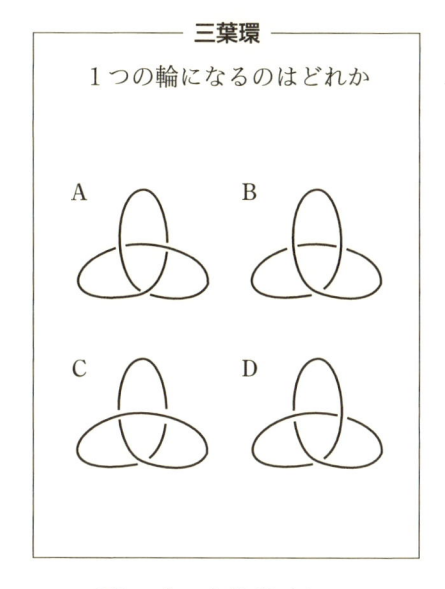

(1) 20円÷1000円＝0.02
(2) 1000円×0.02＝20円
(3) 20円÷0.02＝1000円

三葉環

1つの輪になるのはどれか

A　　　　　B

C　　　　　D

手品の中にも数学がある！

2　"三"のつく用語を探そう

三のつく用語はいろいろあるが，古く，しかも重要だったものの1つに「三数法」というものがある。

これは，代数の国インドで生まれ，10世紀前後の図書には必ず登場していた。後に，インド数学はアラビアを経由して西欧に伝えられたが，それはちょうど商業活動が活発な時期であったため，『商業算術』の重要な内容として商人たちに学ばれたものである。

現代では，小学校の比の主要な内容――文章題など――となって学び継がれている。名称は「比の三用法」と変わった。

最後に美しい形の『三葉環』を見ながら，糸か輪ゴムで考えよう。

[質問3]　前ページの作図について，
(1) 角の三等分器の使い方を示せ。
(2) 長方形を頂点Pから直線で，面積を三等分せよ。

4 『四色問題』の怪

四色で塗り分けよう

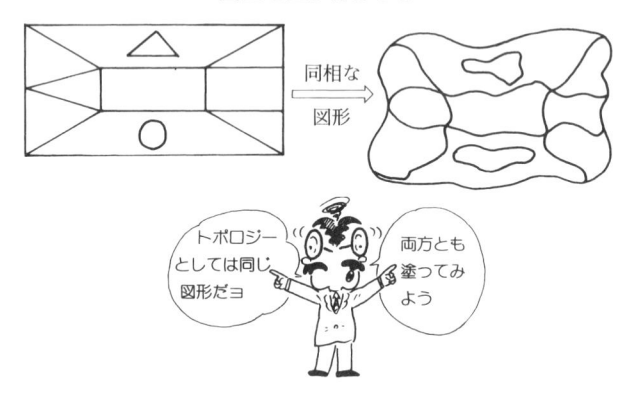

1 コンピュータによる証明

数学では，ある命題の成り立つことを論理的に説明することを『証明』といい，これには「論証」と「実証」とがある。

数学は論証のできる唯一の学問であるが，有限のものについては，実証による証明でもよい。

20世紀後半からコンピュータの機能が急速に発展し，多方面で有効に活躍しているが，ここでとりあげる地図の塗り分け問題から生まれた難問『四色問題』の実証にも役立ったのである。これは1976年，アメリカのイリノイ大学の2教授が，すべての地図を数学的な性質の違いで約2000種類に分類した上，大型コンピュータを1200時間も動かし，「シラミツブシ方式」で，すべて四色で塗れることを実証した。

ただその後，方法に疑問がもたれたり，実証を"数学の証明"として認めるか，などの点で公認されてはいない。

とはいえ，今後コンピュータによって難問，奇問が解かれるであろう。

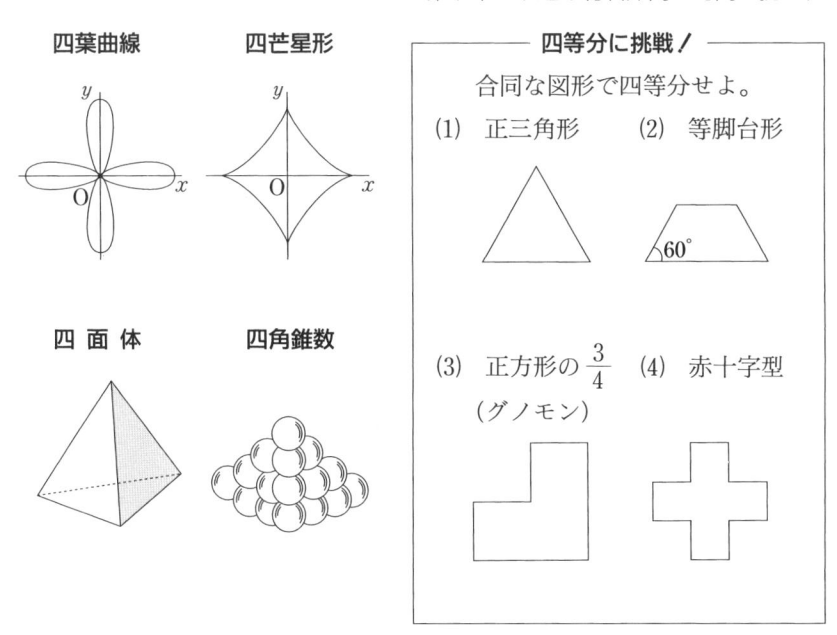

第7章 7題の有名難問・奇問に挑む！

四葉曲線　　四芒星形

四面体　　四角錐数

―― 四等分に挑戦！ ――
合同な図形で四等分せよ。
(1) 正三角形　　(2) 等脚台形

(3) 正方形の $\dfrac{3}{4}$　(4) 赤十字型
　（グノモン）

2　"四"の安定美とパズル

『四色問題』の起こりは，18世紀ごろのヨーロッパでは，多数の国が複雑にからみ合った境界をもっていたため，地図づくりに多くの色を必要とし，地図会社はその費用節約に苦心していた。

このことに関心をもった数学者が，"地図の塗り分け"に挑戦し，やがて五色あればすべての地図が塗り分けられることが論証された。続いて，四色でもすむことが認められるようになったが――。実に130年間も誰一人証明できなかったのを，アメリカの2教授が謎の実証をした。

さて，『四色問題』の"論証"はいつできるのであろうか？

ところで"四"は安定の数である。

数学の中にも安定美の図形が数々あり，それを探す楽しみも味わうようにしたい。

質問4　上の「四等分に挑戦！」の4つの図形について，それぞれ合同な4つの図形に分解せよ。

5 五心の相互関係

三角形の五心

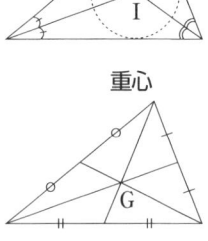

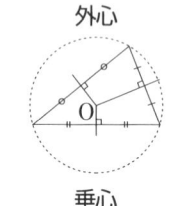

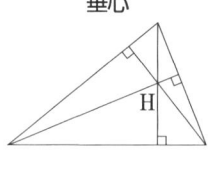

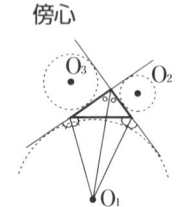

内心 (I)

外心 (O)

傍心 (O_1, O_2, O_3)

重心 (G)

垂心 (H)

1 三角形の不思議な性質

図形の研究では，点，線，面につぐ基本図形が三角形である。

この簡単な図形に，実はいろいろな性質がかくされている。その中の代表的なものが「三角形の五心」というものである。

いずれも，3つの頂点からの半直線（外心は辺の垂直二等分線）の交点であるが，ナント!! このことは作図上での奇跡というべきことである。

一般に"3本の直線が1点で交わる"ということはなく，交わるときは証明しなくてはならないほどの内容なのである。

内心 内接円の中心
　　　inscribed circle
外心 外接円の中心
　　　circumscribed circle
重心 質量の中点
　　　center of gravity
垂心 三垂線の交点
　　　orthocenter
傍心 傍接円の中心
　　　escribed circle

（注）円の中心はふつうOを用いるが，centerのCを使うこともある。

特殊な三角形の五心

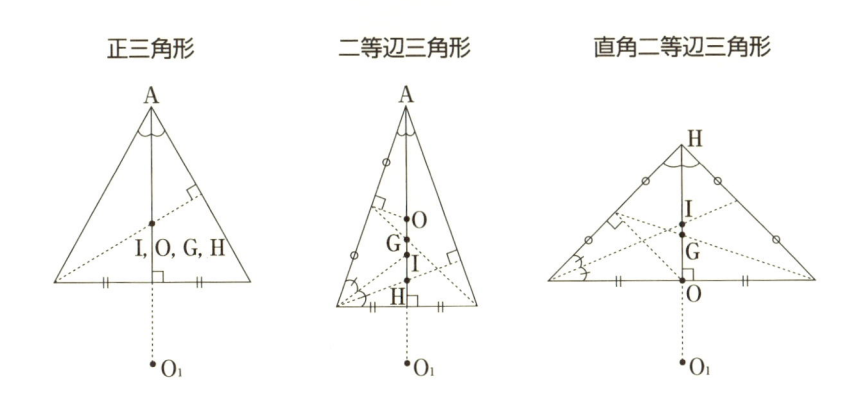

正三角形　　　二等辺三角形　　　直角二等辺三角形

この3つの三角形では、五心がすべて同一線上にある。

（注）I…内心、O…外心、G…重心、H…垂心、O_1…傍心

2　五心の相互関係

前ページの三角形の五心の例では、三角形内でいろいろな位置に存在して、何の関係もないようであるが、特殊な三角形について、五心の相互関係を探ってみると興味深い。

まず、正三角形では、四心がすべて一致し、傍心のみ頂点と結んだ半直線の上にある。二等辺三角形においては、その形によって五心の位置のズレはあるが、頂点から対辺への垂線上にのっている。また、直角二等辺三角形の場合も似ている。いずれも線対称だからである。

さらに下のような相互関係の研究もあり、挑戦してみよう。

質問5　右の図で、三角形 ABC の垂心を H とする。いま、頂点 A、B、C から、それぞれ対辺の平行線を引いて三角形 PQR をつくるとき、点 H は三角形 PQR のどのような点になるか。

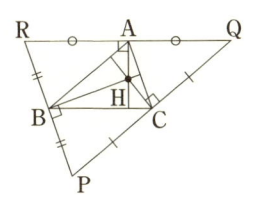

⑥ 『六点円』(テーラー円)の美

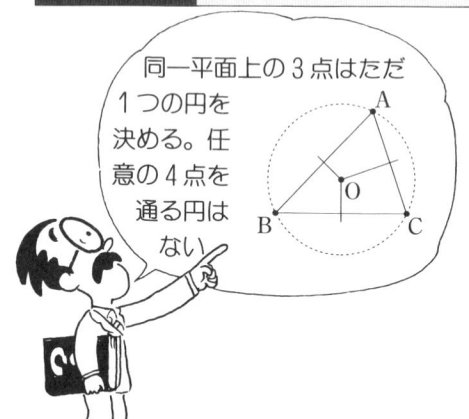

同一平面上の3点はただ1つの円を決める。任意の4点を通る円はない

6点 P_2, R_1, Q_2, P_1, R_2, Q_1 は1つの円を決定する。

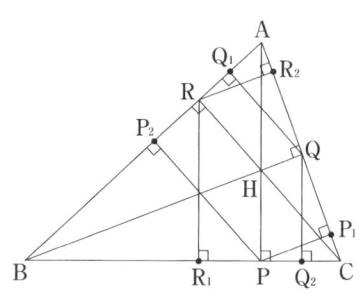

1 4点以上で，1つの円を決定!!

地震だ!!

震源地はどこか，マグニチュードなど地震の大きさは，津波の心配は，……ということは，日々あることである。

グラ〜とすると，間もなくテレビに情報テロップが流れる時代である。

さて，このときの震源地を求めることになるがその方法は，3つの観測地点から簡単に求めることができる。

平面上の3点は，1点を決定するからである。

数学的にいえば，3点を通る円の中心を求める作図ということになる。

一般的には，同一平面上の4点，5点を通る円は描くことはできない。

特殊な，正方形，長方形の4点，星形の5点などを通る円は作図可能であるが，ほとんど名称のある対称的な形の図形の場合である。

"六点円"はそうした図形ではなく，一般の六角形に関する性質で，これは上に示すもの。フシギである！　正確に描きたしかめてみよう。

六点円の証明

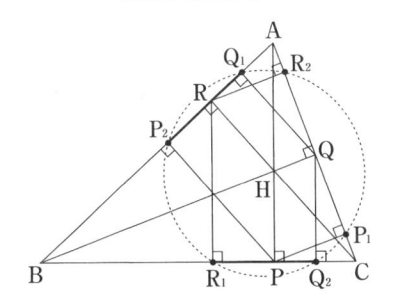

九点円（オイラー円）もある

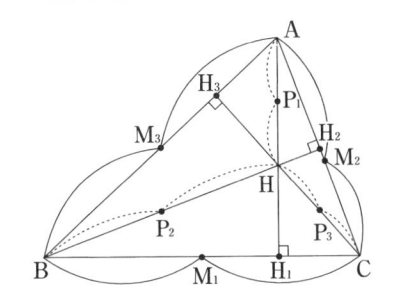

（略証）P_2 と R_1，Q_1 と Q_2 を結ぶと $\dfrac{BP_2}{BQ_1} = \dfrac{BR_1}{BQ_2}$ より，4点 P_2，Q_1，R_1，Q_2 は同一円周上にある。点 R_2，P_1 についても同様。よって6点は同一円周上にある。

垂線の足 H_1，H_2，H_3
3辺の中点 M_1，M_2，M_3
AH，BH，CHの中点，P_1，P_2，P_3
以上9点は，同一円周上にある。

2　テーラー，オイラー，クーラー？

六点円の創案者テーラーは，18世紀イギリスの数学者で，このほかテーラー級数，テーラー展開，テーラーの定理
など業績が多い。

一方，オイラーは，同じ18世紀スイスの数学者で，代表的な創案は第1章の「7つ橋渡り問題」解決からの『トポロジー』である。彼もすでに述べたように多数の研究をし，後世へ貢献している。

六点円も九点円も，点や線が多いため証明の手掛かりを見いだすのがなかなか難しい。

こうした問題の挑戦ではカッカッ，とならず頭を冷やすことが第一の要件。そこで"クーラー"，初歩のダジャレであった。オソマツ！

質問6　六点円の別証明として，四角形 $P_1R_1R_2Q_1$ を用いる方法がある。これによって証明せよ。

九点円で，9点が同一円周上にあることを証明せよ。

161

7 七の倍数と $\frac{1}{7}$ の妙

特別な数の倍数の見つけ方

2　末位の数字が偶数
3　数字の和が3の倍数
4　末位2桁が4の倍数
5　末位の数字が0か5
6　2と3の倍数
7　？
8　末位3桁が8の倍数
9　数字の和が9の倍数
10　末位の数字が0

｝仲間

11　1つおきの数字の和同士の差が，0か11の倍数（例は下）
12　3と4の倍数
13　以上は，実際にその数で割ってみた方が早い。

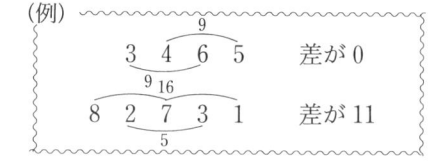

(例)
$$\underset{}{3}\overset{9}{}\underset{}{}\underset{}{}$$　　3　4　6　5　　差が0

　　8　2　7　3　1　　差が11

1　"数勘"にも有効

　ある整数が基数（1〜9）の倍数か，あるいは整除（商が整数）されるか，などの計算は，しばしば必要とされる。

　こうしたとき，手数のかからない速算法的手法を心得ていると便利なことが多い。上に示したものは"基数の倍数の見つけ方"であり，ついでに10〜12までも入れてある。記憶しておくと，便利であろう。

　9，11の場合について，簡単に理由を述べておこう。

7254
$=7000+200+50+4$
$=7\times(999+1)+2\times(99+1)+5\times(9+1)+4$
$=7\times999+7+2\times99+2+5\times9+5+4$
$=\underline{9(7\times111+2\times11+5)}+\underline{7+2+5+4}$
　　　　9の倍数　　　　　　　A

Aが9で割れればよい。

8261
$=8000+200+60+1$
$=8\times(1001-1)+2\times(99+1)+6\times(11-1)+1$
$=8\times1001-8+2\times99+2+6\times11-6+1$
$=\underline{11(8\times91+2\times9+6)}-\underline{8+2-6+1}$
　　　　11の倍数　　　　　　B

Bが11で割れればよい。

第7章　7題の有名難問・奇問に挑む！

7の倍数の見つけ方

ある整数が7の倍数であるかは，7を引き続ければよいが，それは手間がかかるので7×3＝21の21を下の桁から引いていく。

それをもっと簡略にしたのが下の方法である。

(例)
```
    3 7 5 4⑧
  −     1 6    ←8の2倍
    3 7 3⑧
  −   1 6      ←8の2倍
      3 5⑦
  −   1 4      ←7の2倍
        2①
  −     2      ←1の2倍
        0
```

$$\frac{1}{7} = 0.\dot{1}4285\dot{7}$$

```
         0.142857…
      ─────────────
   7) 1.0
        7
        ─
        30
        28
        ──
         20
         24
         ──
          60
          56
          ──
           40
           35
           ──
            50
            49
            ──
             1
```

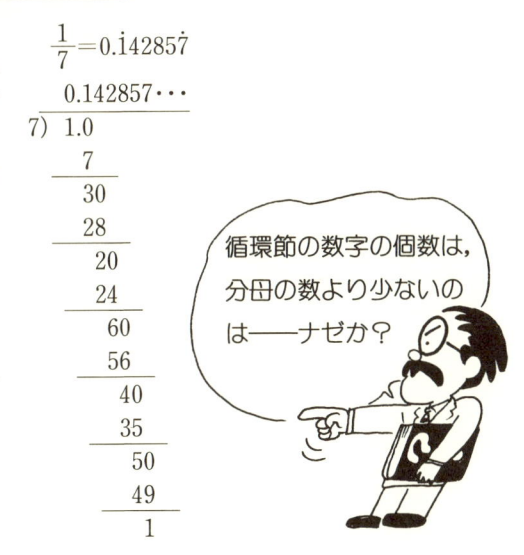

循環節の数字の個数は，分母の数より少ないのは——ナゼか？

2　やはり"7"は曲者！

7の倍数の見つけ方は，基数中で最も複雑しかも面倒であり，上のようにする。(途中の説明をとばしているので理解しにくいかもしれない。)結局，実際に7で割った方が能率がよい，ということになる。

その代わり7には他の数にない循環小数としての興味深い性質がある。

タップリと右を味わった上，質問に答えてもらうことにしよう。

質問7　右の ─ (分数)の分子，分母をうめよ。また，循環節について答えよ。

── 数字の並びは不変！ ──
142857×2＝285714
142857×3＝428571
142857×4＝571428
142857×5＝714285
142857×6＝857142
142857×7＝？

(1) 約分せよ。

$$\frac{142857}{999999} = \boxed{}$$

(2) 1～9を1つずつ使った下の分数を約分せよ。

$$\frac{2394}{16758} = \boxed{}$$

?謎¿ 『7』にまつわる数学パズル

1　七芒星形
右の7つの点を一筆描きで結び，七芒星形をつくれ。

2　ラテン方格
それぞれ隣とは，縦，横，斜めで接しないように点を配列するものである。○印からはじめて7つの点を埋めよ。(21ページ参照)

3　ラッキー・セブン
西欧で古くからあるチップ並べのパズルで，これは4000年の昔，中国で考案された「タングラム」「知恵の板」が伝来したものといわれる。日本では「清少納言の知恵の板」として平安時代からあるという。

正方形(長方形のものもある)を右のような7つのチップに分け，これを並べ合わせて，人や動物，品物などを影絵のようにつくる遊びで，"**7チップ**"が特徴である。

次のものをつくってみよう。

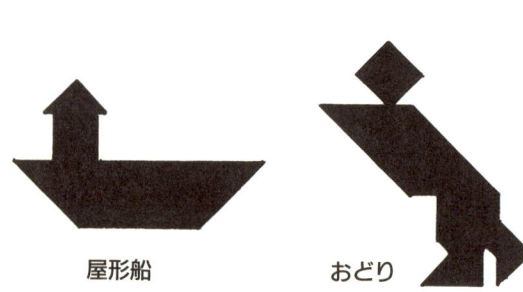

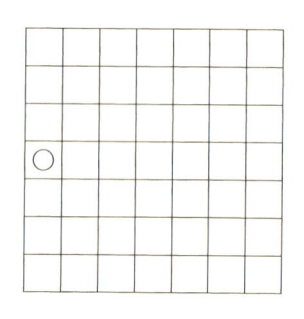

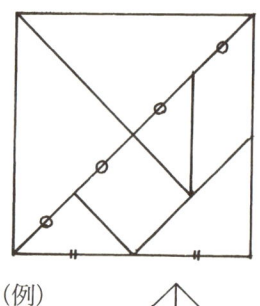

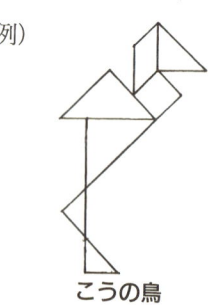

(例)

こうの鳥

屋形船　　　おどり　　　犬

解答 ──第7章・質問の答──

質問0 （149ページ）

アミダクジの仕組みを分解すると右のような5本の糸が重なり合っているだけで，実際は1本1本別ものなのである。よって，1カ所にいくつかが到達することはない。

正式の証明法としては「もし2人が同じところに来たならば……」という背理法で説明する。

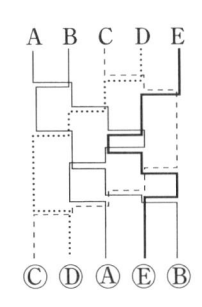

質問1 （151ページ）

$x^2+ax-b^2=0$ を変形し，$x(x+a)=b^2$ とする。

ここでヒントの図について直径を a，接線PAを b とすると，

PQ=x, PR=$x+a$, PA=b

となり，相似形 △PAQ∽△PRA から

PQ・PR＝PA^2 でPQの長さが求めるものである。

質問2 （153ページ）

20世紀初頭のイタリアの数学者ペアノは，「自然数の公理」（別名，ペアノの公理）を創案した。自然数を理論的に組み立てるもので，これによって自然数の性質が，すべて理論的に導き出される。

(1) 1は自然数である。

(2) 各自然数 x にはその後者と称する自然数 x^+ がただ1つ対応する。

(3) 自然数 x に対して $x^+ \neq 1$

(4) $x^+=y^+$ ならば $x=y$

(5) Sが自然数全体の集合のある部分集合で，「①1∈S　②x∈Sならば必ず x^+∈S」，の2条件を満たせばSは自然数全体の集合。

以上の公理から 1+1＝2 が導かれる。（注）∈は「含む」の意味

165

[質問3] （155ページ）

(1) 三等分器の使用法

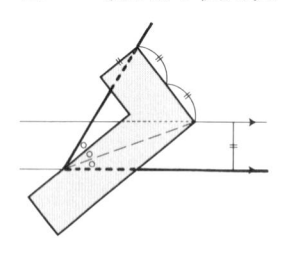

(2) 長方形の三等分

まず右のような，ふつうの三等分をする。

① △ABM が第1の3分の1。
② 四角形 AMCD を A からの直線で二等分することになる。まず折れ線 APC で二等分し，これを直線 AQ に代えればよい。

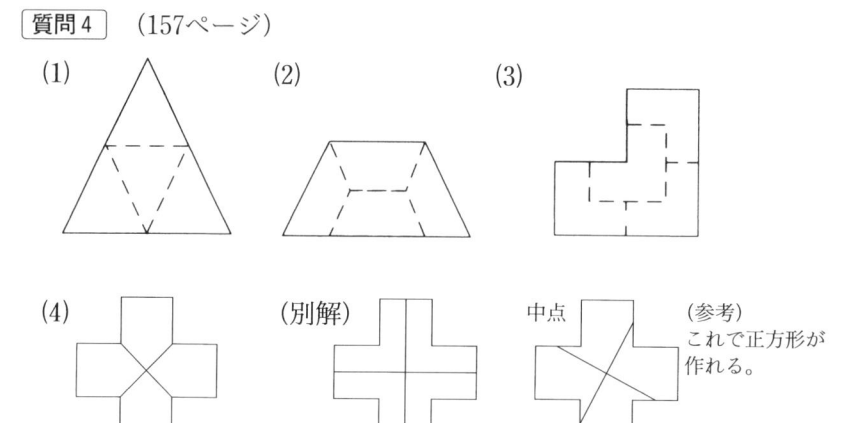

[質問4] （157ページ）

(1)　(2)　(3)

(4)　（別解）　中点

（参考）これで正方形が作れる。

[質問5] （159ページ）

三角形 PQR から見ると，HA，HB，HC はそれぞれ各辺の垂直二等分線になっているので，点 H は三角形 PQR の外心。

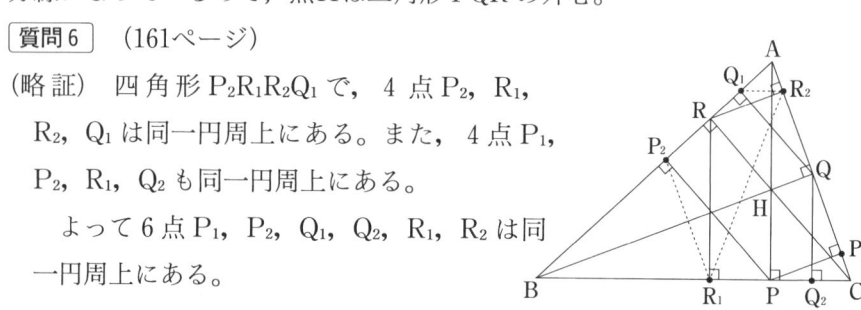

[質問6] （161ページ）

（略証）四角形 $P_2R_1R_2Q_1$ で，4 点 P_2，R_1，R_2，Q_1 は同一円周上にある。また，4 点 P_1，P_2，R_1，Q_2 も同一円周上にある。

よって 6 点 P_1，P_2，Q_1，Q_2，R_1，R_2 は同一円周上にある。

解　答

(略証)　三角形 $H_3M_3P_3$ は直角三角形なので M_3P_3 は3点を通る円の直径である。

同様に，三角形 $H_1P_1M_1$ で P_1M_1 はその外接円の直径である。

よって交点Oはこの6点を通る円の中心になる。

ここで P_2M_2 がOを通ることを証明すればよい。

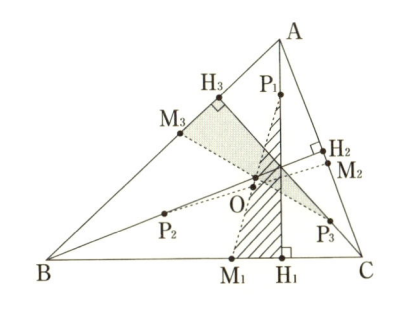

[質問7]　(163ページ)

(1) $\dfrac{1}{7}$　　(2) $\dfrac{1}{7}$

(循環節について)

7で割ったときの余りは，3，2，6，4，5，1 が出てくる。(163ページ)

余り7のときは割り切れるので，循環節は6以下である。

[?謎¿]　(164ページ)

1　七芒星形

1つおきに点を結んでいく。
　(別解もある)

2　ラテン方格

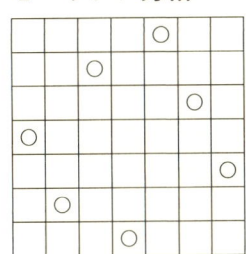

3　ラッキー・セブン

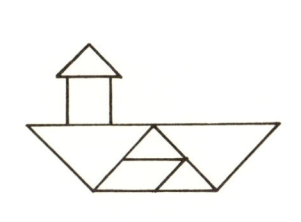

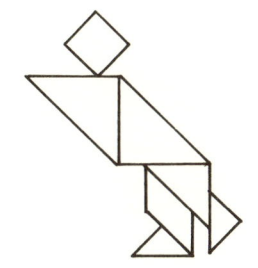

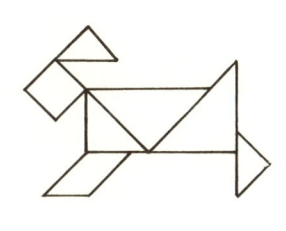

著者紹介

仲田紀夫

1925年東京に生まれる。
東京高等師範学校数学科，東京教育大学教育学科卒業。(いずれも現在筑波大学)
(元) 東京大学教育学部附属中学・高校教諭，東京大学・筑波大学・電気通信大学各講師。
(前) 埼玉大学教育学部教授，埼玉大学附属中学校校長。
(現)『社会数学』学者，数学旅行作家として活躍。「日本数学教育学会」名誉会員。
「日本数学教育学会」会誌（11年間），学研「会報」，JTB広報誌などに旅行記を連載。

NHK教育テレビ「中学生の数学」(25年間)，NHK総合テレビ「どんなモンダイＱてれび」(１年半)，「ひるのプレゼント」(１週間)，文化放送ラジオ「数学ジョッキー」(半年間)，NHK『ラジオ談話室』(５日間)，『ラジオ深夜便』「こころの時代」(２回)などに出演。1988年中国・北京で講演，2005年ギリシア・アテネの私立中学校で授業する。2007年テレビBSジャパン『藤原紀香，インドへ』で共演。

主な著書：『おもしろい確率』（日本実業出版社），『人間社会と数学』Ⅰ・Ⅱ（法政大学出版局），正・続『数学物語』（NHK出版），『数学トリック』『無限の不思議』『マンガおはなし数学史』『算数パズル「出しっこ問題」』（講談社），『ひらめきパズル』上・下『数学ロマン紀行』１～３（日科技連），『数学のドレミファ』１～10『世界数学遺産ミステリー』１～５『パズルで学ぶ21世紀の常識数学』１～３『授業で教えて欲しかった数学』１～５『ボケ防止と"知的能力向上"！ 数学快楽パズル』『若い先生に伝える仲田紀夫の算数・数学授業術』『クルーズで数学しよう』『道志洋博士の世界数学クイズ＆パズル＆パラドクス』（黎明書房），『数学ルーツ探訪シリーズ』全8巻（東宛社），『頭がやわらかくなる数学歳時記』『読むだけで頭がよくなる数のパズル』（三笠書房）他。
上記の内，40冊余が韓国，台湾，香港，フランス，タイなどで翻訳。

趣味は剣道(7段)，弓道(2段)，草月流華道(1級師範)，尺八道(都山流・明暗流)，墨絵。

	道志洋博士の世界数学7つの謎	
2008年7月25日　初版発行		
著　　者		仲田　紀夫
発　行　者		武馬　久仁裕
印　　刷		大阪書籍印刷株式会社
製　　本		大阪書籍印刷株式会社

発　行　所　　　　株式会社　黎明書房

〒460-0002 名古屋市中区丸の内3-6-27 EBSビル ☎052-962-3045
　　　　　　　FAX052-951-9065　振替・00880-1-59001
〒101-0051 東京連絡所・千代田区神田神保町1-32-2
　　　　　　　南部ビル302号　　　　　　　　☎03-3268-3470

落丁本・乱丁本はお取替します。　　　　ISBN978-4-654-08218-6
　　　Ⓒ N. Nakada 2008, Printed in Japan